●●● 网络空间安全技术丛书 ●●●

国家出版基金项目
NATIONAL PUBLICATION FOUNDATION

同态密码学
原理及算法

钟焰涛　蒋琳

U0178395

编著

CYBERSPACE SECURITY
TECHNOLOGY
HOMOMORPHIC ENCRYPTION

机械工业出版社
CHINA MACHINE PRESS

本书从起源、原理、应用、实现等多个角度全方位介绍了同态加密技术，内容涵盖密码学基础、同态加密技术的基本概念、半同态加密算法、部分同态加密算法、全同态加密算法，以及同态加密的编程实践。在理论的讲解中，注重同态加密背后的思想，帮助读者更好地理解"同态"性；编程实践涵盖了目前最流行的几个同态密码库，包括 Charm-crypto、HElib、SEAL、TFHE，读者可以根据内容编写一遍代码，进一步掌握同态加密。

本书适用于对同态密码学感兴趣的计算机技术、信息安全领域从业人员，以及相关院校的高年级本科生和研究生阅读学习。

图书在版编目（CIP）数据

同态密码学原理及算法/钟焰涛等编著．—北京：机械工业出版社，
2022.6（2023.11 重印）

（网络空间安全技术丛书）

ISBN 978-7-111-70919-0

Ⅰ.①同…　Ⅱ.①钟…　Ⅲ.①密码学-算法　Ⅳ.①TN918.2

中国版本图书馆 CIP 数据核字（2022）第 095919 号

机械工业出版社（北京市百万庄大街 22 号　邮政编码 100037）

策划编辑：李培培　张淑谦　责任编辑：李培培　张淑谦

责任校对：陈　越　李　婷

责任印制：郜　敏

北京富资园科技发展有限公司印刷

2023 年 11 月第 1 版第 3 次印刷

184mm×260mm · 14.5 印张 · 295 千字

标准书号：ISBN 978-7-111-70919-0

定价：99.00 元

电话服务　　　　　　　　网络服务

客服电话：010-88361066　机　工　官　网：www.cmpbook.com

　　　　　010-88379833　机　工　官　博：weibo.com/cmp1952

　　　　　010-68326294　金　书　网：www.golden-book.com

封底无防伪标均为盗版　机工教育服务网：www.cmpedu.com

出版说明

随着信息技术的快速发展，网络空间逐渐成为人类生活中一个不可或缺的新场域，并深入到了社会生活的方方面面，由此带来的网络空间安全问题也越来越受到重视。网络空间安全不仅关系到个体信息和资产安全，更关系到国家安全和社会稳定。一旦网络系统出现安全问题，那么将会造成难以估量的损失。从辩证角度来看，安全和发展是一体之两翼、驱动之双轮，安全是发展的前提，发展是安全的保障，安全和发展要同步推进，没有网络空间安全就没有国家安全。

为了维护我国网络空间的主权和利益，加快网络空间安全生态建设，促进网络空间安全技术发展，机械工业出版社邀请中国科学院、中国工程院、中国网络空间研究院、浙江大学、上海交通大学、华为及腾讯等全国网络空间安全领域具有雄厚技术力量的科研院所、高等院校、企事业单位的相关专家，成立了阵容强大的专家委员会，共同策划了这套"网络空间安全技术丛书"（以下简称"丛书"）。

本套丛书力求做到规划清晰、定位准确、内容精良、技术驱动，全面覆盖网络空间安全体系涉及的关键技术，包括网络空间安全、网络安全、系统安全、应用安全、业务安全和密码学等，以技术应用讲解为主，理论知识讲解为辅，做到"理实"结合。

与此同时，我们将持续关注网络空间安全前沿技术和最新成果，不断更新和拓展丛书选题，力争使该丛书能够及时反映网络空间安全领域的新方向、新发展、新技术和新应用，以提升我国网络空间的防护能力，助力我国实现网络强国的总体目标。

由于网络空间安全技术日新月异，而且涉及的领域非常广泛，本套丛书在选题遴选及优化和书稿创作及编审过程中难免存在疏漏和不足，诚恳希望各位读者提出宝贵意见，以利于丛书的不断精进。

机械工业出版社

密码学是一门古老的学科，最初只在很小的范围内使用，如军事、外交、情报等需要对信息严格保密的部门内部。随着现代计算机技术的飞速发展，密码技术不断向更多其他应用领域扩展。基于密码学原理的密码技术不仅可以用于信息的机密性保护、完整性保护、用户身份的确认、行为的不可否认，更成为构建安全的复杂网络场景（包括各类安全协议和安全方案）的利器，在区块链、隐私计算等新兴领域起着重要的作用。

同态加密是目前密码学领域中在学术界和工业界都非常热门的一个研究方向，并且仍然在不断发展中，新的成果、新的应用不断涌现。同态加密可以让人们在加密的数据中进行诸如检索、比较等操作，得出正确的结果，而在整个处理过程中无须对数据进行解密。这一优良特性使得同态加密在各行各业的数据融合挖掘场景中具有广阔的应用前景，在人们越来越注重数据隐私保护、数据合规监管日渐严格的今天，这一特性体现出其对信息技术产业的重大价值。

目前还没有系统介绍同态密码技术的中文书籍，许多研究人员、技术开发人员有心学习相关知识，但是苦于没有系统的中文学习资料，而自己搜集、翻译、汇总英文学习材料又会大量占用本来就不够用的时间。本书编写的目的有三个方面：其一是填补同态加密技术中文书籍缺失的空白；其二是希望借此书向更多技术开发人员介绍同态加密技术；其三是通过编程实例介绍同态加密技术的实现方法，从而推动同态加密技术在应用领域的发展，提升国内隐私计算、用户隐私保护技术等新兴方向的发展水平。

本书首先介绍了密码学的一些基本概念，然后分章节分别介绍了同态加密基本概念、半同态加密、全同态加密、部分同态加密，最后通过编程实例向读者展示了 charm-crypto、HElib、SEAL、TFHE 等著名同态加密算法库的用法。

值得注意的是，如果读者想要进一步深挖知识，第 3、4、5 章所述的同态加密算法均可以进一步研究，书后给出的参考文献可以帮助读者了解在学有余力之时可以进一步阅读哪些资料。

本书在编写过程中，参考了许多相关资料，吸收了许多专家同仁的观点和例句，但为了行文方便，不便一一注明。书后所附参考文献是本书重点参考的论著。在此，特向在本书中引用和参考的教材、专著、报刊、文章的编者和作者表示诚挚的谢意。

本书虽经几次修改，但由于作者能力所限，不足之处在所难免，敬请读者批评指正。

本书编写过程中得到多位朋友的大力支持，其中叶芬芬女士绘制了第 2、4、5 章的大部分插图，在此一并表示感谢。

作　者

目录

第 5 章　部分同态加密算法

第 6 章　同态加密编程实现

 # 第1章　密码学基本概念

密码学是研究如何隐秘地传递信息的学科。在现代特别指对信息及其传输的数学性研究，常被认为是数学和计算机科学的分支，密码学和信息论也密切相关，是同态加密技术的基础。本章主要介绍密码学的历史、分类，以及密码学中部分新方向，为后续章节的学习打下基础。

1.1　古典密码学

从人类社会的发展历程来看，文字出现不久就有了使用密码的萌芽。密码学的发展和使用几乎贯穿了人类文明的整个过程。密码学最早的系统性应用是在军事领域。到了中世纪，阿拉伯人已经在国家的事务中广泛使用密码。欧洲在文艺复兴运动之后，开始出现具有现代意义的外交活动，外交官与其各自的政府需要通过公共邮政系统交换机密情报，密码学从此在外交领域获得了极为广泛的应用。

1.1.1　手工古典密码

古代的保密通信和身份认证方法与其说是一门科学，不如说更像是一门艺术，它们不但反映出了古人高超的智慧和想象力，而且蕴含了现代密码学思想的萌芽。

1. 密码学的开端

在埃及出土的一块约公元前 1900 年的墓碑上，一段描述一位古埃及贵族一生事迹的文字，被西方密码学家认为是密码学的开端，因为其中的一些常用字符被几个少见的字符所替代，就如同密码学中被称为"替换法"的加密方法。实际上这段文字的镌刻者并不是为了加密文字，只是出于对死者的尊重和追求密文表达的艺术性。

2. 密码学在中国古代军事中的应用

从古至今，军事始终是密码使用最为频繁的领域。正如《孙子兵法》中所言：知己知彼，百战不殆；不知彼而知己，一胜一负；不知彼不知己，每战必殆。战场上信息的传递

和收集能在很大程度上决定战争的胜负。中国古代有着丰富的军事实践和军事理论，其中不乏巧妙、规范和系统的保密通信和身份认证的方法。

西周开国功臣姜子牙所著的兵书《太公兵法》中，以周文王和周武王与太公问答的形式阐述军事理论，其中《龙韬·阴符》篇和《龙韬·阴书》篇，便讲述了君主如何在战争中与在外的将领进行保密通信。《阴书》中的加密方法并非逐字加密，而是整体加密，即只有获得全部的文字信息才能看懂其中的内容，这与现代密码学的秘密共享技术非常类似。

北宋仁宗时期官修的兵书《武经总要》成书于 1040 年—1044 年，该书前集第 15 卷中有"符契""信牌""字验"三节，主要讲述军队中的秘密通信和身份认证的方法。其中"符契"和"信牌"用于进行传信人身份和信息准确性的验证，而用于秘密传送军情的"字验"更像是一种加密方法（事先约定好 40 种军情，然后用一首有 40 个不同字的诗的每一个字对应一种军情）。传送军情时，写一封普通的书信或文件，将其中的关键字旁加印记，将军们收到信后找出其中的关键字即可查到该字所要告知的情况。这种方法与近代借助密码字典进行秘密通信的原理相同。

3. 密码学在西方古代军事中的应用

密码学在西方古代军事中的发展和应用也由来已久。约公元前 700 年，古希腊军队便使用一种叫作"Scytale"的密码棒来进行保密通信，如图 1-1 所示，它也许是人类最早使用的文字加密、解密工具，据说主要是古希腊城邦中的斯巴达人在使用，因此也被称为"斯巴达棒"。斯巴达棒的加密原理属于密码学中的"置换法"加密，因为它通过改变文本字母阅读的顺序来达到加密的目的。

• 图 1-1　Scytale 密码棒

公元前 100 年左右，古罗马军事统帅凯撒发明了一种把所有字母按照字母表的顺序循环移位的文字加密方法，被称为"凯撒加密法"。凯撒加密法将字母按照设定的移位量进行替换，如规定字母表顺移 3 位，那么字母"a"便被替换成了字母"D"，字母"b"便被替换成了字母"E"……利用这种加密方法，单词"hello"就被加密为"KHOOR"。解密时，只需要把所有字母逆向顺移 3 位即可。从密码学的角度来看，凯撒加密法属于"单字母表替换"加密，而且加密规则非常简单。实际上，直到近代以来很长时间，世界上所使用的加密方法大多都是"字母表替换"的方法，只不过替换的规则越来越复杂。

上述方法都是可以手工进行加密和解密的，因此称为手工古典密码。

1.1.2 二战中的密码学

第二次工业革命将全球带入电气时代，第二次世界大战又推动了加密通信的发展。在此期间，密码学的发展超过了以往任何时代，无论密码学技术、理论还是应用层面，都发生了革命性的变化：在密码技术上，基于机械和电气原理的密码装置取代了传统的手工密码，极大地提高了加密的效率、破解复杂度；在密码理论上，密码分析与破解过程中大量使用了数学和统计学知识，数学家们开始取代语言学家成为密码战场的主力军；在密码的应用上，各国纷纷研制和采用最先进的密码设备，建立最严格的密码安全体系。盟军把通过破解密码所获得的情报称为"超级情报"，其重要性甚至超过传统的"顶级情报"。

1. 中途岛海战中的密码分析学

1942 年 5 月，美军在一份密码本的帮助下，破译了日军海军的电文，得知日军正在准备进攻一个名叫"AF"的地方，并猜测"AF"指的是中途岛。为了验证该猜测，美军采用了选择明文攻击的方式，命令美军中途岛基地用明码报告中途岛淡水设备故障，并让珍珠港总部回电：已向中途岛派出供水船。美军很快就收到了日军用密文通知主力进攻部队携带更多淡水净化器以应对"AF"淡水匮乏的消息，以此印证了美军对"AF"的猜测。

2. 德国 Enigma 密码机的破解

1933 年，德国采购了大量 Enigma 密码机。Enigma 密码机是一种使用电气机械装置的密码机，如图 1-2 所示，其外形如同一台打字机。

• 图 1-2 Enigma 密码机

波兰情报机构发现德国的密码无法破解后，决定培养数学专业的学生来协助破解德国人的密码。其中涌现出了三位杰出的波兰数学家：雷耶夫斯基、齐加尔斯基和鲁日茨基。他们从分析 Enigma 密码机的工作原理入手，建立起了置换群方程，并且断定只要能解出这些方程，即可破解 Enigma 密码机。虽然通过密码机的结构和操作规程能够简化破解过程，但仍需要很复杂的计算。

1939 年，德国入侵波兰，波兰密码局销毁了全部的资料和设备，将破解的关键技术转交给了英法两国。英国组织优秀的数学家继续进行密码机的破解工作。不久，数学家杰弗里斯、图灵、威尔仕曼、特温等齐聚布莱切利庄园，开始破解工作。图灵在 1939 年—1940 年中提出了破解 Enigma 密码机的 crib 方法，设计建造了新的"炸弹"机，并开始使用贝叶斯统计原理破解德国海军的密码机，破译了德国 90% 以上的秘密电文，为第二次世界大战的胜利做出了重要的贡献。

1.2　现代密码学

现代密码学的任务不再仅限于传统密码学的"保密通信"，而是含义更广的"信息安全"，包括"保密通信""数据加密""数字签名"等重要功能，并且其应用也远远突破了军事的范围，开始全面进入经济、商务、科学、教育等各个领域。现代密码学方法可分为如下 5 个类别。

- 对称加密：同一个密钥可以同时用作信息的加密和解密，这种加密方法称为对称加密。
- 非对称加密：需要两个密钥来进行加密和解密，这两个密钥是公开密钥(Public Key，简称公钥)和私有密钥(Private Key，简称私钥)。
- 密码学哈希：哈希(Hash)函数将可变长度的数据块作为输入，产生固定长度的哈希值，在安全应用中使用的哈希函数被称为密码学哈希。
- 消息认证码：经过特定算法后产生的一小段信息，检查某段消息的完整性，以及做身份验证。它可以用来检查在消息传递过程中，其内容是否被更改过，不管更改的原因是来自意外或是蓄意攻击。同时可以作为消息来源的身份验证。
- 数字签名：只有信息的发送者才能产生的别人无法伪造的一段数字串，这段数字串同时也是对信息的发送者发送信息真实性的一个有效证明。

1.2.1　现代密码学的特点

现代密码学研究信息从发端到收端的安全传输和安全存储，是研究"知己知彼"的一门科学。其核心是密码编码学和密码分析学。1949 年，香农发表了一篇名为《保密系统的通信理论》的论文，把已有数千年历史的密码学推向了基于信息论的科学轨道。该文提出了混淆(Confusion)和扩散(Diffusion)两大设计原则，为对称密码学建立了理论基础。而密码学真正意义上开始进入发展期还是 20 世纪 70 年代中期。1976 年，美国密码学家迪菲和赫尔曼发表了一篇名为"密码学新方向"的论文，开启了公钥密码体制（非对称密码体制）的新篇章。

同时，计算机科学的蓬勃发展也极大地刺激和推动了密码学的变革。善于快速计算的电子计算机为加密技术提供了新的工具。计算机和电子学时代的到来给密码设计者带来了前所未有的自由。

当代密码学具有如下基本属性。

- 信息的机密性：保证信息不被泄露给非授权者等实体。采用密码技术中的加密保护技术可以方便地实现信息的机密性。
- 信息的真实性：保证信息来源可靠、没有被伪造和篡改。密码中的安全认证技术可以保证信息的真实性。
- 数据的完整性：数据没有受到非授权者的篡改或破坏。密码杂凑算法可以方便地实现数据的完整性。
- 行为的不可否认性（抗抵赖性）：一个已经发生的操作行为无法否认。基于公钥密码算法的数字签名技术可以有效解决行为的不可否认性问题。

依据加密和解密所使用的密钥是否相同可将密码分为对称密码体制与非对称密码体制。

1.2.2　对称加密

对称密码体制（单钥体制）是指加密和解密使用相同密钥的密码算法，如图 1-3 所示。

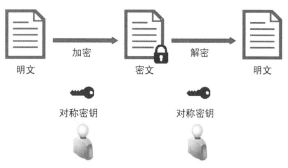

• 图 1-3　对称加密

采用对称密码体制的系统的保密性主要取决于密钥的保密性，与算法的保密性无关，即算法无须保密，需要保密的仅有密钥。

对称密码体制对明文消息的加密有两种方式：一种是将明文消息分组（每组中含有多个字符），逐组对其进行加密，这种密码体制称为分组密码（Block Cipher）；另一种是由明文消息按字符逐位加密，这种密码体制称为序列密码或流密码（Stream Cipher）。

1. 分组密码

利用分组密码对明文加密时，首先需要对明文进行分组，每组的长度都相同，然后对每组明文分别加密得到密文。设 n 是一个分组密码的分组长度，k 是密钥，$x = x_0 x_1 \cdots x_{n-1}$ 为明文，$y = y_0 y_1 \cdots y_{m-1}$ 为相应的密文，则：

$$y = \mathrm{Enc}_k(x)$$
$$x = \mathrm{Dec}_k(y)$$

其中，Enc_k 和 Dec_k 分别表示在密钥 k 控制下的加密变换和解密变换。分组密码模型如图 1-4 所示。

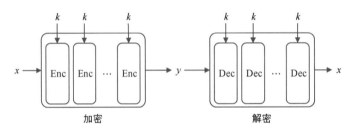

• 图 1-4 分组密码模型

分组密码有两种常见的结构，分别为 Feistel 网络(Feistel Net)和 SP 网络（Substitution Permutation Net）。DES 和 SM4 是 Feistel 网络的典型例子，AES 是 SP 网络的典型例子。

Feistel 网络包含对称结构和非对称结构两类，以它的发明者 Horst Feistel 命名。在 Feistel 网络中，加密的各个步骤称为轮（Round），整个加密的过程即进行若干轮次的循环。以对称结构的 Feistel 网络为例，其一轮的计算步骤如图 1-5 所示。

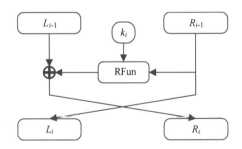

• 图 1-5 Feistel 网络中一轮的计算步骤

Feistel 网络第 i 轮的计算步骤如下。

1）将输入的待加密的明文 x 分为左（L_{i-1}）和右（R_{i-1}）两部分。

2）将输入的右部分 R_{i-1} 直接传送至输出的左部分 L_i。

3）将输入的右部分 R_{i-1} 与使用密钥 k 生成的子密钥 k_i 一起输入加密的轮函数（Round Function，RFun），也称圈函数。

4）将输入的左部分 L_{i-1} 与加密函数 RFun 的输出进行异或 $\oplus$ 运算，再传送至输出的右部分 R_i。

Feistel 网络的优点在于加密过程与解密过程相似，甚至可以使用同一个算法实现加密和解密。

SP 网络的加密思想为：设待加密的明文为 x，令 $X_0 = x$，且 r 为加密变换的迭代次数。对于 $1 \leq i \leq r$，在子密钥 k_i 的控制下，对 X_{i-1} 做替换 S，再对替换结果做可逆的线性变换 P，得到 X_i，如图 1-6 所示。

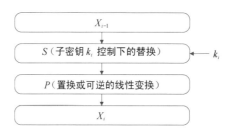

● 图 1-6 SP 型分组密码的加密变换

在 SP 网络中，替换 S 通常被称为混淆层，主要起混淆的作用；置换或可逆的线性变换 P 通常被称为扩散层，主要起扩散的作用。

SP 网络加密和解密过程一般不相似，即不能用同一个算法来实现加密和解密。

上述两种网络描述如何根据密钥对一段固定长度（分组长度）的数据进行加密，对于较长的数据，需要重复应用某种分组加密的操作来安全地加密数据，称为分组密码工作模式。常见的分组密码工作模式有电子密码本（Electronic Code Book，ECB）、密码分组链接（Cipher Block Chaining，CBC）、密码反馈（Cipher Feedback，CFB）、输出反馈（Output Feedback，OFB）和计数器（Counter Mode，CTR）5 种模式。

ECB 模式是最简单的工作模式。该模式一次对一个固定长度的明文进行分组加密，且每次加密所使用的密钥均相同。ECB 模式的加密操作如图 1-7 所示。

CBC 模式解决了 ECB 模式的安全缺陷，可以让重复的明文分组产生不同的密文分组。CBC 模式一次对一个明文分组进行加密，每次加密使用同一密钥，加密算法的输入为当前明文分组和前一次密文分组的异或，因此 CBC 模式能隐蔽明文的数据模式，在某种程度上能防止数据篡改，如重放、嵌入和删除等。但是 CBC 模式会出现传播错误，对同步差错敏

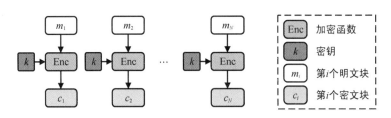

• 图 1-7　ECB 模式的加密操作和解密操作

感。CBC 模式的加密操作如图 1-8 所示。

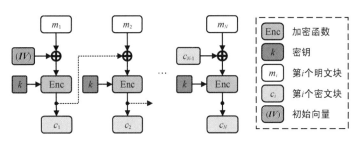

• 图 1-8　CBC 模式的加密操作和解密操作

　　CFB 模式和 CBC 模式比较相似，明文单元被链接在一起，使得密文是前面所有明文的函数。CFB 模式中加密的输入是 64bit 移位寄存器，其初值为某个初始向量 IV，解密为将收到的密文单元与加密函数的输出进行异或操作。CFB 模式适于用户数据格式的需要，能隐蔽明文数据图样，也能检测出对手对于密文的篡改，但对信道错误较敏感，且会造成错误传播。此外，CFB 模式需要一个初始向量，并且需要和密钥同时进行更换。CFB 模式的加密操作如图 1-9 所示。

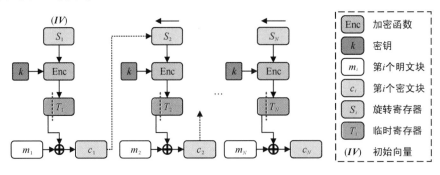

• 图 1-9　CFB 模式的加密操作

　　OFB 模式和 CFB 模式比较相似，将分组密码算法作为一个密钥流产生器，其输出的 k bit 密钥直接反馈至分组密码的输入端，同时这 k bit 密钥和输入的 k bit 明文段进行对应位模 2 相加。OFB 模式克服了 CBC 和 CFB 的错误传播所带来的问题，然而 OFB 模式对于密文被篡改难以进行检测，不具有自同步能力，要求系统要保持严格的同步。OFB 模式的加密操作如图 1-10 所示。

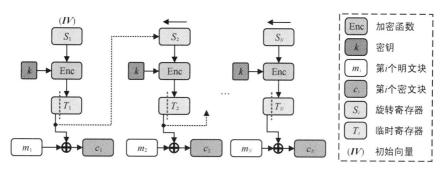

● 图 1-10　OFB 模式的加密操作

CTR 模式被广泛用于 ATM 网络安全和 IPSec 应用中。CTR 模式的加密操作如图 1-11 所示。

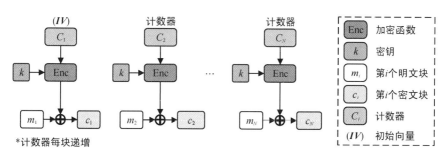

● 图 1-11　CTR 模式的加密操作

2. 序列密码

序列密码也称为流密码（Stream Cipher），是对称密码算法的一种，也是密码学的一个重要分支，具有实现简单、便于硬件实施、加解密处理速度快、没有或只有有限的错误传播等特点，因此获得了广泛应用。

理论上"一次一密"密码是不可破译的。使用尽可能长的密钥可以使序列密码的安全性提高，但是密钥长度越长，存储、分配就越困难。于是人们便想出采用一个短的种子密钥来控制某种算法获得长的密钥序列的办法，这个种子密钥的长度较短，存储、分配都比较容易。序列密码的原理如图 1-12 所示。

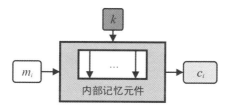

● 图 1-12　序列密码的原理

密钥流由密钥流生成器 f 产生，即 $z_i = f(k, \sigma_i)$，其中 σ_i 是加密器中的记忆元件（寄存器）。在时刻 i 的状态，k 为种子密钥，f 是由密钥 k 和 σ_i 产生的函数。序列密码的滚动密钥 $z_0 = f(k, \sigma_0)$ 由函数 f、密钥 k 和指定的初态 σ_0 完全确定。输入加密器的明文影响加密器中内部记忆元件的存储状态，因此 $\sigma_i(i>0)$ 可能依赖于 k，σ_0，x_0，x_1，$\cdots$，x_{i-1} 等参数的变化而变化。因此序列密码是有记忆性的。

序列密码通常被划分为同步序列密码和自同步序列密码两大类。

同步序列密码的密钥序列的产生独立于明文消息和密文消息。此时，$z_i = f(k, \sigma_i)$ 与明文字符无关，密文字符 $c_i = \mathrm{Enc}_{z_i}(p_i)$ 也不依赖此前的明文字符。因此，可将同步序列密码的加密器分成密钥流生成器和加密变换器两个部分，如图 1-13 所示。

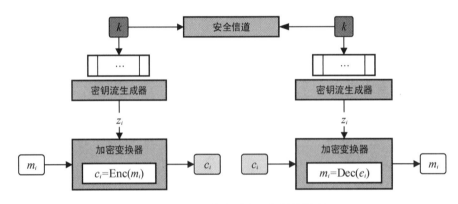

• 图 1-13　同步序列密码体制的模型

自同步序列密码的密钥序列的产生是密钥及固定大小的以往密文位的函数，也称非同步序列密码，其加解密流程如图 1-14 所示。自同步序列密码的加密过程可以用下列公式来描述：

$$\sigma_i = (c_{i-t}, c_{i-t+1}, \cdots, c_{i-1})$$
$$z_i = g(\sigma_i, k)$$
$$c_i = h(z_i, m_i)$$

其中，$\sigma_i = (c_{i-t}, c_{i-t+1}, \cdots, c_{i-1})$ 是初始状态；k 是密钥；g 是产生密钥序列 z_i 的函数；h 是将密钥序列 z_i 和明文 m_i 组合产生密文 c_i 的输出函数。

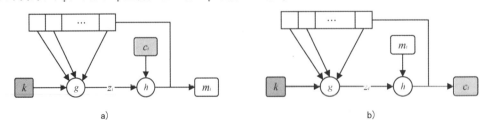

• 图 1-14　自同步序列加解密流程

a）自同步序列加密　b）自同步序列解密

1.2.3 公钥密码: 密码学历史上最伟大的发明

随着计算机和网络通信技术的迅速发展,保密通信的需求也越来越广泛,对称密码体制的局限性也日益凸显,主要表现在密钥分配的问题上,即发送方如何安全、高效地将密钥传送至接收方。此外,采用对称密码体制,在有多个用户的网络中,任何两个用户之间都需要有共享的密钥,当网络中的用户量很大时,密钥的产生、保存、传递、使用和销毁等各个方面都变得十分复杂,存在安全隐患。

1976 年,Diffie 和 Hellman 提出了公钥密码的思想,基于此思想建立的密码体制,被称为公钥密码体制,也称非对称密码体制。公钥密码算法中的加密算法也被称为非对称加密,因为加密和解密使用不同的钥匙,其中一个公开的,称为公开密钥(Public-Key),简称公钥,用于加密;另一个是用户私有的,称为私钥(Private-Key),用于解密,如图 1-15所示。

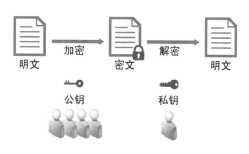

● 图 1-15 非对称加密

公钥密码体制加密过程包括如下 4 步。

1)接收者产生一对钥匙 pk、sk,其中 pk 是公钥,sk 是私钥。

2)接收者将加密的公钥 pk 予以公开,解密的私钥 sk 自己保存。

3)发送者使用接收者公钥加密密文 m,表示为 $c = \mathrm{Enc}_{pk}(m)$,其中 c 是密文,Enc 是加密算法。

4)接收者接收到密文 c 后,用自己的 sk 解密,表示为 $m = \mathrm{Dec}_{sk}(c)$,其中 Dec 是解密算法。

因为只有接收方知道自身的私钥 sk,因此其他人都无法对 c 解密。公钥密码加密和解密结构图如图 1-16 所示。

RSA 算法是经典的非对称加密算法,由麻省理工学院三位年青学者 Rivest、Shamir 和 Adleman 在 1978 年用数论构造,后来被广泛称之为 RSA 体制,其安全性基于数论中大整数因式分解的困难性。

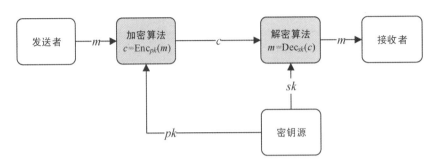

● 图 1-16　公钥密码加密和解密结构图

1.2.4　密码学哈希

哈希函数（Hash Function）是密码学中用途最多的密码算法之一，在消息摘要、网络协议等诸多领域得以应用。哈希函数 H 将任意长度的数据块 M 作为输入，生成固定长度的哈希值 $h = H(M)$ 作为输出。在密码学中，一个性质优良的哈希函数应当具有以下特点：对于不同的输入，哈希函数应当使输出结果均匀分布于哈希值域，并且让哈希结果看起来随机。对于输入的极小改动都会引发哈希值的极大改变。

在实际应用中，密码学哈希函数有以下安全性需求：抗原像攻击，给定任意的哈希值 h，找到对应的哈希函数，输入 M 是计算上不可行的；抗第二原像攻击，给定输入 M_1，找到 $M_2 \neq M_1$ 且 $H(M_1) = H(M_2)$ 是计算上不可行的；抗碰撞攻击，找到任意的 M_1 和 M_2，使得 $H(M_1) = H(M_2)$；伪随机性，哈希函数的输出能满足伪随机判定。如果一个哈希算法满足抗原像攻击和抗第二原像攻击，就称为弱哈希函数，在此基础上如果满足抗碰撞攻击，则称为强哈希函数。

1. 密码学哈希的应用

哈希函数可以用来验证消息或是文件的完整性。通过比对传输前后消息的哈希值是否一致可以快速地判断消息或是文件是否有被篡改或是数据丢失。当哈希函数用于消息认证时，消息的哈希值通常被称为消息摘要。同样，这一概念可以拓展到对任意数据的认证，例如，对存储中的文件进行快速分块检查，确保文件没有被篡改，或是对于网络下载数据进行完整性检验，确保文件通过网络传输后的完整性。由于消息摘要的长度远远小于消息本身，因此通过比对消息摘要可以更快地实现消息或文件的完整性验证。

此外，由于密码学哈希具有抗原像攻击和抗第二原像攻击的良好性质，通常还被用于产生单向口令文件。在操作系统中，为了防止恶意攻击者获得口令文件后获取用户口令，需要将用户口令的哈希值作为口令文件进行存储。每次用户输入口令时，操作系统首先生成输入口令的哈希值，再将该哈希值与口令文件中的哈希值进行比对。这样一来，攻击者即使掌握了口令文件，由于密码学哈希具有抗原像攻击的性质，攻击者无法复现出用户口令，使得用户口令的安全性得到了保障。大多数系统目前都采用了这样的口令保护机制。

除此之外，密码学哈希还可用于伪随机数发生器和构建伪随机函数，在此基础上构造的伪随机函数可以用来生成对称密码中的密钥。

2. 常见的密码学哈希

MD5 是 Ronald Linn Rivest 在 1991 年设计的，用来取代以前的 MD4 算法，输出 128 比特的哈希值。随着近年来密码学研究的不断深入以及计算机硬件的不断进步，对 MD5 的碰撞攻击可以在几秒钟内计算出来，这使得 MD5 算法不适合大多数密码学哈希的适用场景。

SHA（通常也被称作 SHA-0）是由美国国家标准与技术研究所（NIST）设计，并于 1993 年作为联邦信息处理标准发布的。在随后的应用实践中被发现存在安全缺陷，1995 年，NIST 发布了 SHA-0 的改进版 SHA-1，SHA 算法的基本框架与 MD4 类似。2002 年，NIST 发布了修订版的 SHA-2 算法，其中包括了 SHA-256、SHA-384 和 SHA-512，三种算法分别产生 256、384 和 512 比特的哈希值。2010 年，一项研究表明 SHA-1 的安全性并没有理论上的那么可靠，大约需要 2^{80} 次搜索便可以找到一个碰撞，这也加速了目前应用领域从 SHA-1 到 SHA-2 的过渡。

SM3 是一种中国密码哈希函数标准，于 2010 年 12 月 17 日由国家密码管理局发布。在商用密码体系中，SM3 可用于数字签名及验证、消息认证码生成及验证、随机数生成等算法中。SM3 算法作为一种公开哈希算法，其安全性及效率与 SHA-256 相当。

1.2.5 消息认证码

消息认证码（Message Authentication Code，MAC）是密码学中的一种认证技术。MAC 函数的形式化定义如下：

$$T = \text{MAC}(K, M)$$

式中，T 表示生成的消息认证标记（Tag），K 表示发送方与接收方的密钥，M 表示发送方发送的任意长度的消息。通常消息认证码是一个固定长度的短数据块，由密钥和消息产生并附加在消息之后，与消息一起从发送方传递到接收方。接收方对收到的消息进行和发送方一样的计算，通过比较计算出的消息认证码 T' 与接收到的 T 是否相等，实现消息认证。

消息认证包含两方面的信息确认：一方面接收方可以验证消息本身并没有被修改，如果存在中间攻击者修改了消息内容，由于攻击者不知道密钥 K，无法通过修改后的消息生成

新的消息认证码 T' 使得其与收到的消息认证码 T 相等；另一方面，接收方验证了消息发送方的身份，这是由于其他人都不知道消息认证码的密钥，因此其他人不能生成正确的 T。

在 MAC 函数中，由于 K 是发送方和接收方共享的密钥，双方均能正向生成 T，因此 MAC 函数不能作为数字签名算法。这也意味着消息的发送方和接收方必须在初始化通信之前就密钥达成一致，这与对称加密的情况相同。

1. MAC 函数的性质

在讨论 MAC 函数的安全性时需要从多方面考虑，分析其可能面对的各种类型的攻击。由于 MAC 算法往往是公开的，因此假设攻击者知道 MAC 函数，却不知道收发双方的密钥 K，一个安全的 MAC 函数应当具有以下三条性质：①对于任意 M 和对应的 T，攻击者构造出 M' 使得 $\mathrm{MAC}(K,M) = \mathrm{MAC}(K,M') = T$ 是计算上不可行的；②对于不同的消息输入，MAC 函数应当使输出结果 T 均匀地分布于消息认证码空间，即对于随机选择的 M_1、M_2，$Pr[\mathrm{MAC}(K,M_1) = \mathrm{MAC}(K,M_2)] = 2^{-n}$，其中 n 是消息认证码的位数；③对于消息的任意变换 f 都保持输出的随机性，即 $Pr[\mathrm{MAC}(K,M) = \mathrm{MAC}(K,f(M))] = 2^{-n}$。

第一条性质要求在攻击者不知道密钥的情况下无法构造出与给定的 MAC 相匹配的一个新消息。第二条性质使得针对 MAC 算法的穷举攻击代价与消息认证码值域大小线性相关，穷举攻击者需要 $O(2^n)$ 步才能找到给定 MAC 对应的消息。第三条性质要求 MAC 函数对于消息的各个部分应当是公平的，攻击者无法通过消息的某个部分或是消息的某个结构对 MAC 函数发起攻击。

2. 常见的 MAC 算法

常见的 MAC 算法主要分为两类：基于哈希函数的 MAC 算法（Hash-based MAC, HMAC）和基于密码的 MAC 算法（Cipher-based MAC, CMAC）。

密码学哈希函数的执行速度比较快，并且由于密码学哈希函数拥有广泛的适用性，现有的哈希函数库比较完备，HMAC 算法在很长一段时间内被广泛讨论。但是由于哈希函数本身在设计时并不依赖密钥，所以需要对原有的哈希方案进行改进。目前，基于改进后带密钥的 HMAC 方案已被广泛应用，其作为 NIST 的标准（FIPS 198），是 IP 协议族中的重要组成部分，并且在 SSL 协议中也有使用。

CMAC 算法（也被称为 OMAC1）是一种基于分组密码的 MAC 算法，被 NIST 于 2005 年作为标准发布。它是 CBC-MAC 算法的改进，CBC-MAC 算法只保障固定长度消息算法的安全性，而 CMAC 算法可以保障任意长度消息算法的安全性。

1.2.6　数字签名：替代手写签名

数字签名是公钥密码发展过程中的一个重要产物，不同于一般的公钥加解密方案，数字签名无需保证消息的机密性，却能保证消息对发送方身份和数据完整性的认证。相较于上一节中提到的消息认证，数字签名具有不可否认性，也就是说，只要发送方对某消息进行了数字签名，就无法否认自己曾经发送过该条消息。

在消息认证的方案中，由于通信双方共享消息认证码的生成密钥，接收方可以伪造任意消息的消息认证码并称消息由发送方发出。此外，由于接收方拥有伪造消息的能力，所以无法证明发送方是否发送过某条消息，进而发送方可以否认发送过的某条消息。在收发双方不能完全诚实可信的情况下，为了实现消息认证码所无法实现的功能，数字签名必须具备以下的性质：能够验证签名者的身份和签名的时间戳；能够认证被签名的消息内容的完整性；签名能够被第三方所验证。

数字签名方案的形式化定义通常包括三个算法：密钥生成算法、签名算法和签名验证算法。密钥生成算法从密钥空间中随机选择一个私钥，输出私钥和相应的公钥。签名算法接收消息和私钥作为输入，产生消息对应的签名。签名验证算法以消息、公钥和签名作为输入，根据签名是否通过验证输出接收或拒绝。

公钥密码体制中数字签名过程包括如下几步。

1）签名者产生一对钥匙 pk、sk，其中 pk 是公钥，sk 是私钥。

2）签名者将验证用的公钥 pk 予以公开，签名的私钥 sk 自己保存。

3）签名者使用私钥 sk 对消息 m 进行签名，表示为 $\sigma = \text{Sign}_{sk}(m)$，其中 σ 是签名，Sign 是签名算法。验证者接收到消息和签名对 (m, σ) 后，用签名者的公钥 pk 验证，表示为 $0/1 = \text{Verify}_{pk}(m, \sigma)$，其中 Verify 是验证算法，1 表示验证成功，0 表示验证失败。

数字签名算法（Digital Signature Algorithm，DSA）的结构如图 1-17 所示。

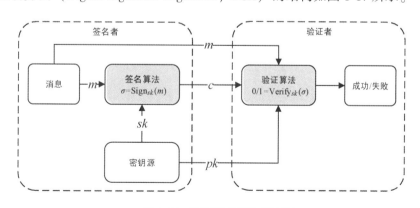

● 图 1-17　数字签名算法结构图

数字签名算法被美国 NIST 作为数字签名标准（Digital Signature Standard，DSS），是 Schnorr 和 ElGamal 两种签名算法的变种，其安全性基于整数有限域离散对数难题。

1.3 密码学新方向及应用

本节主要介绍现代密码学的新的热点，包括人工智能与密码学、云计算与密码学，以及区块链与密码学。

1.3.1 人工智能与密码学

人工智能（Artificial Intelligence，AI）是计算机科学的一个分支，它企图了解智能的实质，并生产出一种新的能以人类智能相似的方式做出反应的智能机器，该领域的研究包括机器人、语音识别、图像识别、自然语言处理和专家系统等。

1. 人工智能安全/隐私保护需求

无论是推荐系统、机器学习还是 5G 网络，人工智能系统都可以抽象成一对多、多对一或多对多的模型。因此，人工智能安全与通信双方至少有一方与多方的密码学理论体系（多方密码学）的建立休戚相关，其重要性不言而喻。当前的人工智能安全研究主要包括以下几方面内容。

（1）推荐系统的隐私保护

推荐系统的隐私保护可分为单用户、多数据模型和多用户、多数据模型两类。

在单用户、多数据模型的推荐系统隐私保护中，为了保证数据的机密性，必须对推荐系统中训练的数据集加密，然后上传给推荐服务器。由推荐服务器在密文域上建立预测模型，计算推荐结果。授权用户可以申请查看推荐结果，对返回的推荐结果密文进行解密和正确性验证，如图 1-18 所示。

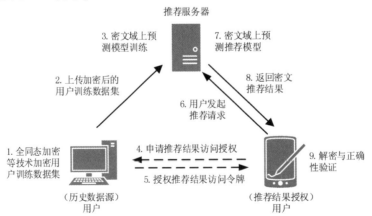

• 图 1-18　单用户、 多数据模型推荐系统隐私保护

（2）机器学习的隐私保护

机器学习的隐私保护目前国内外的主要技术包括公钥全同态加密和安全多方计算，主要聚焦于如何在密文历史数据训练集上进行高效的模型训练和计算。其中涉及的原子计算包括密文域上的 Sign 函数计算、密文域上的 Sigmoid 函数计算和密文域的梯度函数计算。

图 1-19 是一个多层的神经网络系统，包括输入层（第 0 层）、多个隐藏层（第 $1 \sim L-1$ 层）和输出层（第 L 层），其中每一层均由多个神经元构成。构造隐私保护的离散神经网络模型训练与计算协议需要实现的隐私保护包括训练数据集隐私、模型参数隐私和预测结果隐私。

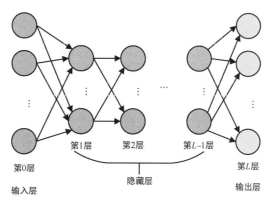

● 图 1-19 多层神经网络系统

（3）5G 网络的智能安全

5G 网络的智能安全是指在多对多环境下，如何通过工作量证明，实现隶属于多用户的多计算任务与多个运行于不同工作负荷下的服务器之间的智能匹配。同时保护用户的计算任务隐私和服务器的工作量隐私，如图 1-20 所示。

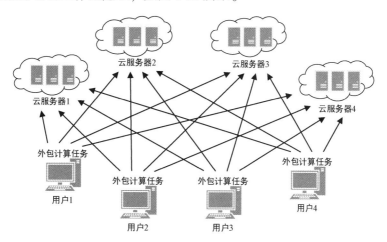

● 图 1-20 5G 网络

2. 密码学对应的解决方案

（1）安全多方计算

安全多方计算（Secure Multiparty Computation，SMC）最初针对的是一个安全两方计算问题，即所谓的"百万富翁问题"，并于 1982 年由姚期智提出和推广。安全多方计算允许我们计算私有输入值的函数，从而使每一方只能得到其相应的函数输出值，而不能得到其他方的输入值与输出值。安全多方计算能够通过三种不同的框架来实现。

1）不经意传输（Oblivious Transfer，OT）。在不经意传输中，发送方拥有一组"消息–索引"对 $(m_1,1),\cdots,(m_N,N)$。在每次传输时，接收方选择一个满足 $1 \leqslant i \leqslant N$ 的索引 i，并接收 m_i。接收方不能得知关于消息的任何其他信息，发送方也不能了解关于接收方 i 选择的任何信息。

2）秘密共享（Secret Sharing，SS）。秘密共享是通过将秘密值分割为随机多份，并将这些份分发给不同方隐藏秘密值的一种概念。因此，每一方只能拥有一个通过共享得到的值，即秘密值的一部分。根据具体的使用场合，需要所有或一定数量的共享数值来重新构造原始的秘密值。

3）同态加密（Homomorphic Encryption，HE）。同态加密逐渐被认为是在隐私保护的机器学习中实现安全多方计算的一种可行行为，是一种不需要对密文进行解密的密文计算解决方案。

同态加密方法 H 是一种通过对相关密文进行有效操作（不需获知解密密钥），从而允许在加密内容上进行特定代数运算的加密方法。一个同态加密方法 HE 由一个四元组组成：

$$HE = \{\mathrm{KeyGen},\mathrm{Enc},\mathrm{Dec},\mathrm{Eval}\}$$

其中，各参数的含义如下。

- KeyGen 表示密钥生成函数。对于非对称同态加密，一个密钥生成元 g 被输入 KeyGen，并输出一个密钥对 $\{pk,sk\} = \mathrm{KeyGen}(g)$，其中 pk 表示用于明文加密的公钥，sk 表示用于解密的密钥。对于对称同态加密，只生成一个密钥 $sk = \mathrm{KeyGen}(g)$。
- Enc 表示加密函数。对于非对称同态加密，一个加密函数以公钥 pk 和明文 m 作为输入，并产生一个密文 $c = \mathrm{Enc}_{pk}(m)$ 作为输出。对于对称同态加密，加密过程会使用公共密钥 sk 和明文 m 作为输入，并生成密文 $c = \mathrm{Enc}_{pk}(m)$。
- Dec 表示解密函数。对于非对称同态加密和对称同态加密，隐私密钥 sk 和密文 c 被用来作为生成相关明文 $m = \mathrm{Dec}_{sk}(c)$ 的输入。
- Eval 表示评估函数。评估函数 Eval 将密文 c 和公钥 pk（对于非对称同态加密）作为输入，并输出与明文对应的密文。

（2）差分隐私

差分隐私（Differential Privacy）最开始被用来促进在敏感数据上的安全分析。差分隐私的中心思想是，当敌手从数据库中查询个体信息时将其混淆，使得敌手无法从查询结果中辨别个体级别的敏感性。差分隐私提供了一种信息理论安全保障，即函数的输出结果对数据集中的任何特定记录都不敏感。因此，差分隐私都被用于抵抗成员推理攻击。

主要有两种方法通过给数据加上噪声实现差分隐私：一种是根据函数的敏感性增加噪声；一种是根据离散值的指数分布选择噪声。

实值函数的敏感性可以表示为由于添加或删除单个样本，函数值可能发生变化的最大程度。差分隐私算法可根据噪声扰动使用的方式和位置来进行分类。

- 输入扰动：噪声被加入训练模型。
- 目标扰动：噪声被加入学习算法的目标函数。
- 算法扰动：噪声被加入中间值，如迭代算法中的梯度。
- 输出扰动：噪声被加入训练后的输出参数。

1.3.2　云计算与密码学

2006 年 8 月 9 日，Google 首席执行官埃里克·施密特（Eric Schmidt）在搜索引擎大会（SESSanJose2006）上首次提出"云计算"（Cloud Computing）的概念，这是第一次正式地提出这一概念，有着巨大的历史意义。

2007 年以来，"云计算"成了计算机领域最令人关注的话题之一，同样也是大型企业、互联网建设着力研究的重要方向。因为云计算的提出，互联网技术和 IT 服务出现了新的模式，引发了一场变革。

2009 年 1 月，阿里软件在江苏南京建立首个"电子商务云计算中心"。同年 11 月，中国移动云计算平台"大云"计划启动。现在，云计算已经发展到较为成熟的阶段。

1. 云计算概述

云计算是什么？简单地说，云计算实质上就是一个网络。从狭义上讲，云计算是一种提供资源的网络，使用者可以随时获取云上的资源。从广义上讲，云计算是与信息技术、软件、互联网相关的一种服务，这种计算资源共享池叫作"云"，云计算把许多计算资源集合起来，通过软件实现自动化管理，只需要很少的人参与，就能让资源被快速提供。也就是说，计算能力作为一种商品，可以在互联网上流通，就像水、电、煤气一样，可以方便地被取用，且价格较为低廉。

总之，云计算不是一种全新的网络技术，而是一种全新的网络应用概念，云计算的核心概念就是以互联网为中心，在网站上提供快速且安全的云计算服务与数据存储，让每一个使用互联网的人都可以使用网络上的庞大计算资源与数据中心。

与传统的网络应用模式相比，云计算具有以下优势与特点。

- 虚拟化技术：云计算最为显著的特点是突破了时间、空间的界限，通过虚拟平台对相应终端操作完成数据备份、迁移和扩展等。

- 动态可扩展：云计算具有高效的运算能力，在原有服务器基础上增加云计算功能能够迅速提高计算速度，使动态扩展虚拟化，达到对应用进行扩展的目的。

- 按需部署：云计算平台能够根据用户的需求快速配备计算能力及资源。

- 灵活性高：云计算的兼容性非常强，不仅可以兼容低配置机器、不同厂商的硬件产品，还能够使外设获得更高性能计算。

- 可靠性高：服务器就算有故障也不影响计算与应用的正常运行。因为单点服务器出现故障可以通过虚拟化技术将分布在不同物理服务器上的应用进行恢复或利用动态扩展功能部署新的服务器进行计算。

- 性价比高：将资源放在虚拟资源池中统一管理在一定程度上优化了物理资源，用户不再需要昂贵、存储空间大的主机，可以选择相对廉价的 PC 组成云，在减少费用的同时，计算性能还不逊于大型主机。

- 可扩展性：用户可以利用应用软件的快速部署来将自身所需的已有业务以及新业务进行扩展。

2. 云计算安全/隐私保护需求

在云安全联盟（Cloud Security Alliance，CSA）发布的 2013 年云计算九大威胁报告中，确定了 9 种云安全的严重威胁，其中包括了数据泄露、数据丢失、数据劫持、恶意内部用户、滥用和恶意使用等。而在云计算安全中，数据的安全尤为重要。因此，数据的机密性、隐私性以及可靠性问题是云存储过程中面临的巨大挑战。

（1）数据的机密性

云计算平台提供的服务要求用户把数据交给云平台，云平台可以管理和维护用户的数据。一旦云平台窃取用户的数据，将会导致用户的隐私被泄露。另外，由于云计算平台的数据往往具有很高的价值，恶意用户也会通过云服务器的漏洞或者在传输过程中窃取用户的机密数据，对用户造成严重的后果。因此，数据的机密性必须得到保证，否则将会极大地限制云计算的发展与应用。

（2）数据访问控制

访问控制技术通过用户身份、资源特征等属性对系统中的资源操作添加限制，来允许合法用户的访问，阻止非法用户入侵系统。传统访问控制模型所管理的都是明文数据，但在云存储系统中由于云平台的不完全可信性，密码学方法的访问控制方案成为目前安全性相对较高的方法，对数据的机密性具有更强的保护力度。

（3）数据授权修改

在实际的云存储应用中，密文类型信息的动态可修改性具有广泛的应用场景。数据所有者为节省本地存储开销，或方便数据在不同终端的灵活使用，将加密数据存储于云服务器，然后数据所有者希望只有自己或者部分已授权的用户才能够修改这些数据，修改后的数据被重新加密后再次上传到云存储平台。因此，云存储中的数据修改不仅要求只有授权用户才能解密访问数据，还要求云平台能够验证授权用户的身份以接受修改后的密文。

（4）数据可用性

为了保护云存储平台中数据的机密性，同时提高数据的可用性，可搜索加密技术的概念被提出。可搜索加密技术允许用户在上传数据之前对数据进行加密处理，使得用户可以在不暴露数据明文的情况下对存储在云平台上的加密数据进行检索，其典型的应用场景包括云数据库和云数据归档。

3. 密码学对应的解决方案

（1）云计算数据访问控制技术

传统的访问控制技术往往基于完全可信的服务器来制订和实施数据的访问控制策略，因此难以适用于云计算环境。为适应云计算中数据存储服务器半可信的限制，基于密码学的访问控制方案应运而生了。目前，基于属性加密的访问控制方案被认为可有效地解决云计算中数据机密性和细粒度访问控制的难题，它允许数据所有者在加密数据的过程中通过灵活的访问策略指定能够解密密文的授权用户集合。在现有的不同安全模型下，基于属性加密的访问控制方案已经能够实现不同粒度的访问控制功能，并可提供一些实用的特性。如何基于属性加密技术为用户提供可靠、高效、适用于云环境中的数据访问控制方案，成为云计算环境中数据安全问题的热点。

在云计算平台下，用户可以通过网络在云计算环境下实现数据的上传、访问和共享等，为用户提供简便快捷的数据存储和共享服务。云计算平台下数据访问控制模型一般具有 3 类主要的实体：云平台、数据所有者和用户，如图 1-21 所示。

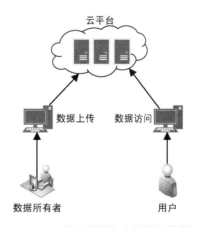

● 图 1-21　基于属性加密的访问控制

基于 Bethencourt 等人的属性加密具体实现方案的访问控制模型包含如下算法。

- $(pk, mk) \leftarrow$ Setup(λ)：输入安全参数 λ，中央机构生成公钥 pk 和私钥 mk。
- $sk \leftarrow$ KeyGen(pk, mk, S)：中央机构输入公钥 pk 和私钥 sk，用户的属性集合 S 生成属性密钥 sk。
- $c \leftarrow$ Encrypt(pk, m, t)：数据所有者输入中央机构的公钥 pk、数据明文 m、访问策略树 t，输出加密的数据 c。算法首先基于对称加密算法，使用随机的数据密钥 dk 加密数据明文 m，然后基于属性加密算法，使用访问策略树 t 加密 dk。
- $m \leftarrow$ Decrypt(c, sk)：用户输入部分密文 c、用户的属性密钥 sk。如果用户的属性满足密文 c 的访问策略，首先解密出 dk，然后使用 dk 解密出数据明文 m。

（2）云计算加密数据分类技术

在数据挖掘的不同应用中，数据分类是一个重要的研究方向。分类器的构造过程一般情况下分为训练和测试两个步骤。在训练阶段，根据训练数据集的特点，为每个类别产生一个对相应数据集的准确描述或模型。在测试阶段，利用先前训练阶段得到的类别的描述或模型对测试进行分类，测试其分类准确度。通过云存储的方式处理海量数据并进行分类，有数据量大、计算成本低、屏蔽底层等优势。然而在数据挖掘产生巨大财富的同时，也带来了隐私泄露的问题。基于密码学的隐私保护技术是隐藏敏感数据的解决方法之一，不仅能保证原始数据的安全性，而且能确保最终结果的准确性。

云计算加密数据分类的设计目的是在保护用户隐私的前提下对使用者所提供的数据进行分类预测，使得使用者不必冒着泄露自身隐私的危险进行分类预测。加密数据分类模型如图 1-22 所示。

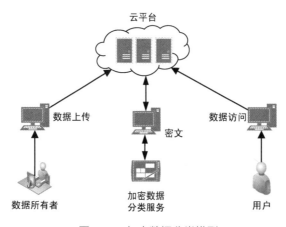

● 图 1-22　加密数据分类模型

加密数据分类模型各模块的作用如下。

- 可信机构：证书模块是一个独立的模块，被模型中的其他所有模块信任，负责签发与保管整个系统使用的密钥。

- 云存储：云存储模块保存大量的历史数据，这些历史数据可以提供给数据加密分类模块进行训练。

- 加密数据分类：加密数据分类提供加密数据分类服务和明文数据分类服务，加密数据分类模块本身保存有一定的用于训练的数据，也可以从云存储模块中获取更多用于分类的数据。

- 用户：用户向加密数据分类提供自身待分类的数据，如果选择加密数据分类，就提供加密的待分类数据，如果选择明文数据分类，就提供明文的待分类数据。得到加密数据分类模块的加密分类结果后，还需要使用用户本身的私钥解密来得到最终的分类结果。同时用户还需要辅助云存储完成乘法同态运算。

（3）云计算加密数据搜索技术

可搜索加密允许用户在上传数据之前对数据进行加密处理，使得用户可以在不暴露数据明文的情况下对存储在云计算平台上的加密数据进行检索。可搜索加密技术以加密的形式保存数据到云计算平台中，所以能够保证数据的机密性，使得云服务器和未授权用户无法获取数据明文，即使云计算平台遭遇非法攻击，也能保护用户的数据不被泄露。此外，云计算平台在对加密数据进行搜索的过程中，能够获得的仅仅是那些数据被用户检索的信息，而不会获得与数据明文相关的任何信息。

可搜索加密可分为 4 个子步骤，如图 1-23 所示。

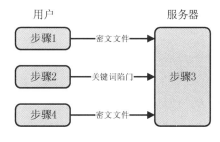

● 图 1-23　可搜索加密过程

1）加密。用户使用密钥在本地对明文文件进行加密，并将其上传至服务器。

2）陷门生成。具备检索能力的用户，使用密钥生成待查询关键词的陷门，要求陷门不能泄露关键词的任何信息。

3）检索。服务器以关键词陷门为输入，执行检索算法，返回所有包含该陷门对应关键词的密文文件，要求服务器除了能知道密文文件是否包含某个特定关键词外，无法获得更多信息。

4）解密。用户使用密钥解密服务器返回的密文文件，获得查询结果。

1.3.3　区块链与密码学

中本聪在其撰写的文章"比特币：一种点对点的电子现金系统"中提出了一种不需要交易双方有互信基础的去中心化电子交易体系——比特币，虽然该文章实际并没有明确提出区块链（Blockchain）的定义和概念，但是文中指出，区块链是用于记录比特币交易账目历史的数据结构，这也是目前公认最早关于区块链的描述性文献。顾名思义，区块链是一种特殊的链式数据结构，其是按照时间顺序将数据区块以顺序相连的方式组合而成的链表，并通过多种密码学方法保证其具有不可篡改和不可伪造等特性，从而进一步构建基于区块链的信用体系，所以密码学方法与区块链有着密不可分的关系。

1. 区块链概述

区块链是一种分布式账本技术。根据维基百科的定义，区块链是借由密码学串接并保护内容的串联文字记录（又称区块），每一个区块包含了前一个区块的哈希值、相应时间戳记录以及交易资料，这样的设计使得区块内容具有难以篡改的特性。区块链技术所串接的分布式账本能让两方有效记录交易，且永久查验此交易。

区块链中包含了三个基本概念。

- 交易（Transaction）：如在账本中添加一条转账记录，是对账本的操作，从而导致账本状态的一次改变。
- 区块（Block）：对当前账本状态的一次共识，区块中记录一段时间内发生的所有交易和状态的结果。
- 链（Chain）：整个账本的状态变化的日志记录，将区块按照时间顺序串联而成。

区块链本质上是一种分布式账本，该账本只允许添加记录，不允许删除记录，账本数据的底层表示是一种特殊的链式结构，这也是"区块链"名字的由来。底层的链式数据结构由一个个区块串联而成（见图1-24），类似数据结构中的链表，每一个节点都包含了指

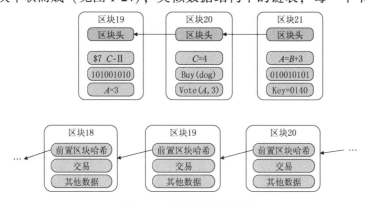

●图1-24　区块链结构示例

向上一个节点的指针，区块链中每一个区块都包含了上一个区块的哈希值，这个哈希值可以看作哈希指针，表示当前区块"指向"了上一个区块，最终一个个区块根据哈希指针有序串联起来，形成区块链。当新数据产生，即当发生一笔新的交易时，必须要放入一个新的区块中，同时这个新区块（以及块内交易）的合法性可以通过计算哈希值的方式快速校验。任意参与方都可以提议一个新的区块，但是必须要通过共识算法来使所有参与方对最终选择的区块达成一致。

一般情况下，可以将区块链当作一个状态机（见图 1-25），区块链中的数据集合可以看作状态机的当前状态，而每次交易都会使得区块链中原有的数据集合发生变化，可以认为试图改变一次状态机的状态，而每次共识生成的区块就是参与者对区块链中交易导致的状态改变的结果进行确认。

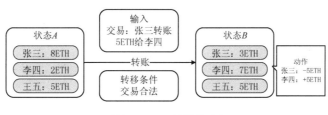

● 图 1-25　区块链状态机

以比特币为例来具体看其是如何使用区块链技术的。首先，参与者要发起一项交易时，会将交易通过比特币网络进行广播并等待确认。网络中的节点会收集待确认的交易记录并打包进一个候选区块中（该区块同时包含上一个区块的哈希值）；接着，节点会试图寻找一个随机值放到候选区块中，使得候选区块的哈希结果满足一定的条件（哈希小于某一值）。密码学中的哈希算法能够确保这个随机值的搜索过程需要一定的时间去进行计算尝试。

节点一旦搜索到满足条件的随机值后，便会将这个候选区块在比特币网络中进行广播，其他节点收到候选区块后，将对其进行验证，若验证通过，符合约定条件，便承认该候选区块的合法性，并将其添加到节点自身维护的区块链中。当整个比特币网络中大部分节点都承认该区块的合法性，并将其添加到自身维护的区块链中时，便认为该区块被网络所接受，区块中包含的交易记录也随之确定。

上述只是区块链工作流程的一个简要过程，在该过程中使用了密码学的哈希算法来产生一个合法的区块，但是实际中区块链还涉及多种密码学算法，而密码学是构建区块链信任体系的基石，为区块链提供了 5 种信任能力。

● 保密性：通过加密算法，防止未授权的信息泄露。

● 认证性：通过签名或认证算法，确认信息发送方的身份和区块链上信息的来源。

● 完整性：通过哈希或者签名算法，确认数据未被篡改，验证区块链的状态。

- 不可否认性或抗抵赖性：通过签名算法，防止否认已经做过的事情。
- 访问控制：确保谁在什么条件下可以做什么事情，保证区块链上的加密数据只被授权用户看到。

随着密码学相关技术的不断发展，现在同态加密、零知识证明和安全多方计算等密码学技术可以为区块链提供密态计算、密态验证和分布式密钥管理等能力，为区块链更多场景提供信任基础。

2. 区块链安全/隐私保护需求

区块链是目前安全领域的前沿技术，其通过多种不同的密码学技术构建了一个去中心化的信任机制，使其具有了防篡改、公开可验证、可溯源等特点，但是目前绝大多数的区块链平台中，任何节点都可以访问区块链上的所有数据，所以区块链上的隐私安全问题尤为突出，也是目前区块链领域的重要研究热点。

为了保护数据隐私，区块链需要满足两个条件。

- 区块链中交易与交易之间的联系应该不可见或者不可被发现。
- 每一笔交易的具体内容，即交易涉及的具体数据应该只能被交易的参与方获知。

根据接入区块链网络的不同限制条件，大致上可以将区块链划分成为三种类型，分别是公有链、联盟链和私有链，其中联盟链和私有链都对加入节点有着不同程度的要求，其链上数据的隐私保护要求一定程度上可以通过访问控制机制达到，而公有链上的数据则对于任意参与方来说没有任何额外的限制便可以随意访问，因此其隐私保护的需求具体可以划分成两种，分别是身份隐私和数据隐私。

身份隐私指的是要保护交易与参与者真实身份之间的联系，以及用户与用户之间的交易关系。比特币等目前主流区块链平台提供的是以用户公钥哈希值作为用户身份的，因为哈希值可以看作一串伪随机值，所以从一定程度上隐藏了用户的真实身份，但是即使用户每一次都使用随机或伪随机的账户地址发起交易，其所能提供的身份匿名也是有限的。通过监控未加密的区块链网络，遍历、搜索区块链网络上的数据，实施一些行为分析策略或KYC 政策（Know You Customer Policy）都有可能获得区块链网络用户的真实身份信息。

交易隐私则是要保护一笔交易的主要内容，如交易金额、交易模式等，这些交易内容应该只能被一部分特定用户所知晓，而对于整个公有链上其他用户无法得到关于该交易内容的任何有效信息。交易隐私对于许多基于区块链的应用程序有着十分重要的意义，例如，基于区块链的电子病历系统中，就应该对用户的详细病历记录提供不同等级的保护措施，以防止个人敏感信息泄露给其他任何用户。

3. 密码学对应的解决方案

（1）混币技术

在区块链的一笔交易中，交易的发起者和接收者之间是存在联系的，攻击者通过对区块链上的公开数据进行相关分析，就有可能得到部分关于交易参与者身份的隐私数据，因此需要将交易发起者和接收者之间的联系切断，而混币技术可以将交易双方的关系进行混淆处理，混币技术主要针对类似比特币的数字货币应用，其不用对比特币的协议进行修改，便可以在一定程度上提高区块链上匿名性的手段。混币技术的基本思想是将多笔交易合并成一笔交易，将多个参与者的比特币混合在一起共同支付、转账，这一过程将破坏交易的发起者和接收者之间的链接关系，如图 1-26 所示，用户 1 和用户 3 原本的支付对象分别是用户 2 和用户 4，而使用混币技术后，用户 1 和用户 3 共同发起一笔交易，混淆了用户 1 的真实交易者是用户 2 还是用户 4。

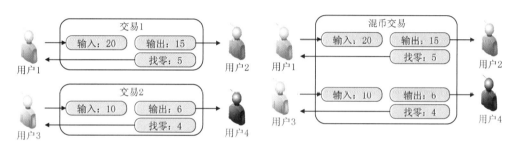

●图 1-26 混币技术

根据是否需要可信第三方的参与，混币技术可以分为中心化混币和去中心化混币。中心化混币是依赖一些可信的第三方平台为用户提供可靠的混币服务，如 Bitcoin Fog、Sendshard 等平台，这些平台通过在交易过程中收取一定的手续费进行盈利，原则上不会存储用户的任何交易记录，但是依旧有可能存在恶意平台窃取用户资料的可能，同时在混币服务完成前，平台仍需要存储未完成交易的部分信息，此时依旧存在较高的交易细节被黑客窃取的风险。此外中心化的混币服务还存在用户交易等待和通信延时较高、中心化服务器容易遭受单点故障、高额手续费等问题。

去中心化混币技术的典型代表是 CoinJoin 交易，该交易是一种特殊的交易类型，其基本思想便是"当你想产生一笔交易时，找到一群也想产生交易的人，共同产生一笔交易"。CoinJoin 交易是一个标准多签名交易，每个参与者都匿名提供自己的输出地址，同时检查其是否被包含在交易输出中，如果没有被包含则拒绝签名，所有参与者都完成签名后，该笔交易就能发布到区块链上，其余节点无法正确判断输入地址与输出地址之间的具体对应联系。但是其内部不可链接性无法得到保证，交易的参与者可以知道交易的具体细节，即输出地址所对应的具体输入地址。

（2）环签名技术

混币技术能一定程度上实现身份匿名，但是其交易完成的延时不可控，需要等待多个交易发起者共同参与，而借助环签名技术能够有效地解决这个问题。环签名技术使得用户只需要收集多个用户的公钥，再结合自己的公私钥便可以对一笔交易进行签名，而对外表现则是多个用户对一笔交易进行了共同签名，同时无法确切知晓具体的签名者是公钥集合中的哪一个，如图 1-27 所示。

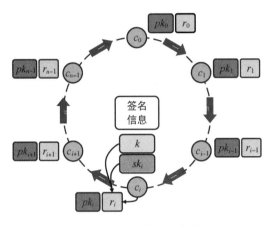

● 图 1-27　环签名示意图

在区块链上常用的环签名技术是可链接环签名技术，该变体方案能够检测两个签名是否由同一个用户产生。以此技术为基础便产生了 CryptoNote 方案，该方案使用可链接环签名算法。可链接性指的是由一个私钥签发的两个签名是可以被关联起来的，因此只要一笔交易被双花，即一笔交易被一个私钥签发两次，是可以被发现的。因此，可链接性能有效防止双花攻击，同时因为环签名技术的匿名性，交易参与者的真实身份也能很好地隐藏起来。在 CryptoNote 方案中，交易的发起者会使用交易接收者的公钥和随机数，产生一个一次性隐匿地址和随机数，而接收方可以根据随机数和私钥计算出隐匿地址，通过比较链上和本地计算的隐匿地址从而确定这笔交易是否是属于自己的。

在后续的发展中，CryptoNote 方案（见图 1-28）与可信交易方案（Confidential Transaction）结合，提出了 RingCT 方案，在使用环签名技术隐藏身份信息的基础上，进一步对交易的金额进行了隐藏，同时达到了保护交易隐私和身份隐私的目的，极大程度地保护了用户的数据隐私。但是该类基于环签名的方案也引入了诸多问题，例如，环签名的签名大小会随着环的大小，即公钥集合的数量增长而增长，同时为了保障安全性，环成员数量通常选取较大，造成单笔交易的存储开销较大；同时，隐藏交易金额虽然保障了数据隐私，

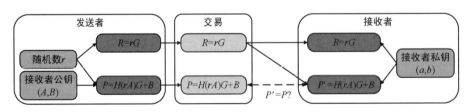

● 图 1-28　CryptoNote 方案

但是也给交易验证带来了新的困难等。

（3）零知识证明技术

零知识证明是一种密码学技术，该技术可以在证明某一命题的正确性的同时，没有泄露任何额外的知识，而非交互零知识证明（NIZK）可以使证明者在只发送一条信息的前提下，说服验证者相信某个命题的正确性，因此 NIZK 技术适合在区块链中以匿名和分布式的方式验证交易的正确性。基于非交互式零知识证明技术，先后提出了 Zerocoin 方案和 Zerocash 方案，该类方案是对比特币等数字货币应用的密码学扩展，增强了比特币协议的隐私性，使其支持完全匿名交易，能够抵抗交易图分析方法等手段。

如图 1-29 所示，在 Zerocoin 中，存在一笔铸币交易将比特币转换成零币（Zerocoin），该过程称为铸币过程，之后在要消费时，再使用赎回交易产生一枚全新的、没有历史信息的比特币，将两枚比特币之间的联系切断，以此实现匿名。非交互式零知识证明用于在不泄露 Zerocoin 信息的前提下证明一枚 Zerocoin 的合法性，从而能够产生一枚等值的比特币。但是该方案存在诸多缺陷，如交易发起者和交易接收者都拥有交易的隐私信息，交易发起者也可以发起赎回交易或追踪交易的后续交易流，该方案不能有效地保护交易的具体金额，仅保护身份信息。

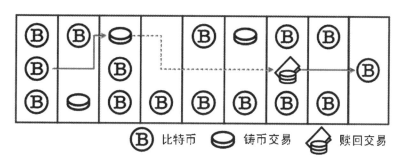

● 图 1-29　Zerocoin 原理

而 Zerocash 方案克服了 Zerocoin 方案中的诸多缺陷，尤其是无法完全保护交易隐私的问题，因此在 Zerocash 方案中能够有效保护一笔交易中交易双方的身份信息、交易金额等，切实有效地保护身份隐私和交易隐私。在 Zerocash 方案中使用承诺协议和零知识证明技术来隐藏用户身份和交易金额，使其可以支持任意金额的交易，同时进行公开的验证。在消费交易中，Zerocash 使用接收者的公钥产生新的货币序列号，保证只有持有对应私钥的情况下才能继续消费货币，同时也保证发送者无法再追踪接收者。交易的发起者会使用接收者的公钥加密交易金额等信息，隐藏了金额、接收者地址等隐私信息。

第2章 同态加密

同态加密技术由于其在隐私计算领域的应用潜力，近两年来不时在媒体报道中见到，同时凭借其"密码学圣杯"的称谓引起了业界的广泛关注。很多程序员朋友都对同态加密技术产生了浓厚兴趣，想要进一步了解、学习该技术，但是同态加密技术分类复杂，涉及的"电路加密"概念对于很多人来说都很陌生。本章主要介绍同态加密技术的概念、分类，并介绍电路加密技术的由来和具体实现，为读者后续章节的学习打下基础。

2.1 同态加密概述

在实际业务场景中，仅考虑业务数据的保密会给业务的方便性和可扩展性带来很大的局限。考虑一家小额贷款公司的情况，该公司使用第三方商业平台存储业务数据。显然，该公司的"数据库"包含诸如用户个人数据等的敏感信息，应予以保密。假设第三方存储平台采用的信息保护技术不充分，其平台的系统管理员就可以访问所存储的敏感信息导致敏感信息泄露。因此，贷款公司决定对其保存在数据库中的所有数据进行加密，并采取仅在办公室中可对数据进行解密的策略，确保第三方存储平台无法获取敏感数据，如图 2-1 所示。

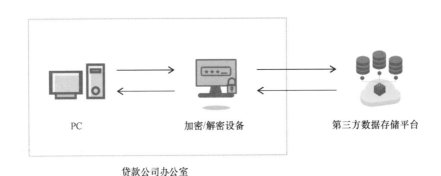

• 图 2-1　贷款公司数据存储方案示意图

这种架构允许贷款公司使用第三方商业平台的存储服务，但是难以在不损害存储数据隐私的情况下使用第三方的计算服务。比如，贷款公司往往希望从数据存储中得到下述问题的答案。

1）现有贷款额平均值是多少？

2）贷款超过 50000 元的用户有多少？

3）上月营业额比上上月营业额增长多少？

4）贷款额中位数是多少？

5）业务增长率如何？

要回答这些问题，需要在存储数据中进行检索并进一步计算，然而加密数据无法检索、无法运算，这就会导致贷款公司在外包数据存储时无法同时保证数据隐私性和计算方便性。

同态加密（Homomorphic Encryption，HE）是一种加密方法，它允许人们对密文进行特定形式的代数运算后，得到的仍然是加密的结果，将其解密所得到的结果与对明文进行同样的运算结果一样。换言之，这项技术使人们可以在加密的数据中进行诸如检索、比较等操作，从而得出正确的结果，而在整个处理过程中无须对数据进行解密。

把同态加密和传统加密（即非同态的传统加密）进行对比（如图 2-2 所示）可以看

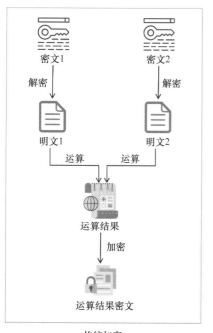
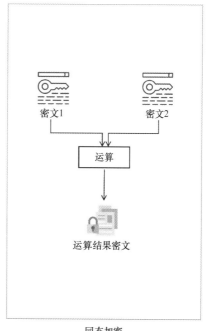

● 图 2-2　同态加密和传统加密对比（以二元运算为例）

出，使用传统加密算法加密的数据如果要进行运算，必须先解密，否则直接对密文进行运算会破坏密文的结构，无法满足密文运算效果与明文运算效果等同的要求；而同态加密能够直接对密文进行运算，其效果与明文进行相同运算的效果相同。并且密文运算的结果也是密文，这保证了明文数据自始至终都没有泄露。

2.1.1　同态加密的起源及发展历史

同态加密的"同态"（Homomorphic）一词来自代数领域，在代数中，同态性是指两个代数结构（例如，群、环或向量空间）之间映射保持结构不变的一种性质。这个概念延展到了密码学领域，人们使用"同态加密"来形容对加密后密文操作的效果等同于对明文进行同等操作的效果。

通常而言，加密方案是保护敏感信息机密性的关键机制。然而，传统的加密方案不能在已加密数据上进行操作。换句话说，用户为了使用云文件存储、共享和协作等服务，不得不牺牲数据的隐私。1978 年，三位密码学家 Ronald Rivest、Leonard Adleman 和 Michael Dertouzos 在一篇论文中首次提出同态加密的概念。

在同态加密概念提出后的 30 年里，世界各地的研究人员多次尝试设计支持各种运算的全同态方案，但是进展甚微。

在同态加密概念提出后不久，很快就有人发现，RSA 算法支持密文乘法同态运算，这是由 RSA 函数的运算性质决定的：假设 n 为 RSA 模数，e 为加密密钥，m_1、m_2 为两个明文，对应的密文分别为 $c_1 = m_1^e \bmod n$、$c_2 = m_2^e \bmod n$，则密文乘法运算为 $c_1 * c_1 = (m_1^e \bmod n) * (m_2^e \bmod n) = (m_1 * m_2)^e \bmod n$，满足同态性。

在 1985 年的 IEEE Symposium on Security and Privacy 会议上提出了一个数据库加密方案，它支持在数据加密之后进行一些统计学运算。这个方案的意义在于，展示了实际应用场景中同态加密的可行性。1987 年出现了更多更复杂的同态加密示例算法，1988 年在加法同态算法次数方面出现突破，刷新了同态加密运算次数的纪录。直到 1996 年才出现同时支持两种同态运算的同态加密算法，不过遗憾的是，该算法的加解密后来被证明是不安全的。

上面几个方案都不支持不限制次数的密文同态运算，2008 年有人提出了支持无限次同态加法运算、有限次同态乘法运算的同态加密算法，已经达到当时的极限。

历史性突破发生在 2009 年，Gentry 提出了一个真正的全同态加密方案，能够支持无限次的加法和乘法运算。该方案历史性地解决了全同态加密从无到有的问题，之后还有多个改进方案和其他 FHE 方案出现。

2.1.2　同态加密的优势：　隐私计算的终极方法

目前能够提供数据隐私计算的技术除了同态加密以外，还包括安全多方计算（Secure Multi-Party Computation）、可检索加密（Searchable Encryption）、差分隐私（Differential Privacy）等。下面对这些技术进行简要介绍，并做对比。

1. 安全多方计算

安全多方计算研究的是一组互不信任的参与方，互相之间不想透露自己的数据，如何在不借助第三方的情况下，利用各自数据共同完成计算，并同时保证数据隐私性和输出结果的正确性，如图 2-3 所示。安全多方计算的目的是解决在分布式环境下的隐私保护计算问题，是密码学领域的重要研究方向，最初由图灵奖获得者姚期智在 1982 年提出。此领域的研究内容主要包括几个方向：参与方数量上包括两方计算和多方计算；攻击者模型包括半诚实模型和恶意模型；研究问题包括安全模型建立、可行性分析、通用协议设计、具体问题的计算协议、实际应用和安全多方计算扩展问题等。

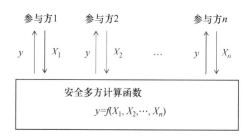

● 图 2-3　安全多方计算示意图

文献［8］中还提出了基于混淆电路（Garbled Circuit）构建安全两方计算方案的思想。这种方法中，参与方 A 首先生成一个混淆电路，然后将该电路发送给另一个参与方 B，随后 B 使用自己的输入执行电路并将结果返回给 A；之后双方通过交互一些消息，来达到都能得到正确计算结果并且互相不泄露输入信息的效果。不过该文献并未详细说明如何构造此类通用电路。之后出现的其他研究成果在两个参与方的情况下设计了高效的混淆电路，进一步节省了运行时间和存储空间。由于多个参与方进行隐私数据处理的特性，大量研究工作采用了混淆电路方法来设计协议，以满足多个实际应用场景，如生物识别、隐私线性分支程序、隐私保护的远程诊断、面部识别等。但是目前提出的方案均存在计算量过大、计算轮数过多等缺点。

另一种实现安全多方计算的方法是基于秘密共享来设计安全多方计算协议，协议中利用秘密共享（Secret Sharing）技术生成随机共享，并将共享分发给不同的参与方，这些参与方之间通过信息交互共同计算目标函数值。秘密共享技术由 Shamir 和 Blakley 等人发明，实现的功能是将一个机密信息划分成多份共享信息，并分发给多个利益相关者，只要足够多的共享信息汇总就能恢复原始的机密信息。现有方案能够对划分后的共享信息进行加法和乘法门（或者说，异或门和与门）运算，运算过程能够保证共享信息的隐私性，并且保证组合后可以恢复原始信息计算结果。任意组合上述电路门，可以完整实现任意函数的隐私计算。目前还出现了很多针对特定函数的安全多方计算协议设计，如安全多方乘积运算、安全多方标量积运算、安全多方排序、安全多方矩阵积、安全多方集合交集等。这些协议的组合可以用于安全多方数据挖掘、协作科学计算、生物信息计算等应用场景。

2. 可检索加密

为了解决数据加密之后的检索问题，研究人员提出了可检索加密技术。可检索加密根据加密算法机制特点可以分为两类：对称可检索加密、非对称可检索加密。首个对称可检索加密出现在 2000 年，对数据加密的算法是对称加密算法，并且可实现对加密数据的线性查找；非对称的可检索加密算法采用公钥加密算法对数据进行加密，其特点是可以授权第三方多用户进行检索，但是检索效率较低；另一方面，有些研究者提出了安全索引的概念，基于关键字构建安全索引，从而实现快速的检索算法。

第一个能够实现的对称可检索加密算法是由 Song 等人提出的，密文检索的实现过程中逐一对密文进行匹配，最后验证是否满足校验关系。整个检索过程需要对密文进行线性扫描，计算开销非常大，对于数据量较大的场合不适用。为了提升效率，有人提出了安全索引的概念，将关键字映射到过滤器中构建安全的索引，检索时将要查询的关键字映射到过滤器并提交给服务器，由服务器进行匹配。该方案的计算效率非常高，查询时间显著缩短。

另一方面，在安全模型方面也涌现出很多研究工作，首先是相关语义安全模型的定义，完善了可检索加密过程中的所有安全内容，包括数据安全、索引安全、检索陷门和返回结果安全。

非对称可检索加密算法是指基于公钥体制的可检索加密算法。第一个公钥可检索加密算法使用基于身份加密（Identity Based Encryption）的算法，通过双线性映射实现。目前大多数非对称的可检索加密算法基于椭圆曲线之上的双线性映射，结合基于身份的加密算法，其显著缺点是计算复杂度高，不适用于大规模应用。有些研究人员提出建立关键字索引机制，引入两个关键词之间的"编辑距离"概念，即把一个关键词转变为另一个关键词所需的修改次数，通过控制编辑距离小于某个阈值来实现模糊检索。为了进一步减少计算开销，在计算编辑距离时引入通识符，以一步操作代替字符的增加、删除、替代操作。关键字列表在云端服务器采取相似值树状索引结构存储，利用字典树遍历索引提高检索效率；同时通过距离建立关键字索引表，需要单独建立关键字及相对应的编辑距离表；整个系统实现过程过于复杂，不适应大数据的加密检索。同时，相似值树状存储结构抵御统计分析攻击能力不强。进一步地，有人提出利用布隆过滤器（Bloom Filter）转换器原理建立索引表，将检索请求与索引进行匹配的工作委托半可信第三方执行，并引入概率加密，通过字符频率距离与编辑距离的差值实现模糊检索的方案。此方案引入了半可信第三方，增加了实际开销，并且在数据量大时利用频率距离会检索到过多的不相关信息。

目前国内一些学者也持续开展可检索加密技术的研究，实现了在数据库上进行密文检索，利用分治原则构建安全的索引来对密文数据库进行高效的单关键字检索，保证了数据存储的安全性和可检索功能性等。

3. 差分隐私

2006 年出现的差分隐私技术的基本思想源自于一个很朴素的观察：当数据集 A 中包含某个人张三的数据时，对该数据集进行任意统计学查询操作（如，计数、求和、平均值、中位数或其他范围查询等）所得到的结果，和将张三从该数据集中排除后（此时数据集记为 A'）执行相同的查询得到的结果不同，则查询结果泄露了"张三是否在数据集中"的信息。如果上述两个查询的结果相同，或者差别极其微小、无法分辨，则可以认为，张三的信息并没有因为被包含在数据集中而产生统计查询相关风险。差分隐私保护就是要保证任一个体在数据集中或者不在数据集中时，对最终发布的查询结果几乎没有影响。具体来说，是通过对原始数据的转换或者是对统计结果添加噪声来达到隐私保护效果。

差分隐私的概念来自于密码学中语义安全的概念，即攻击者无法区分出不同明文的加密结果。在差分隐私方法的安全性定义中，要求攻击者无法根据发布后的结果推测出哪一条结果对应于哪一个数据集，这是通过加入随机噪声的方法来确保公开的输出结果不会因为一个个体是否在数据集中而产生明显的变化。更进一步地，该模型对隐私泄露程度给出了定量化的模型，这对于分析隐私保护程度是一个很好的度量。因为一个个体的变化不会对数据查询结果有显著的影响，所以攻击者无法以明显的优势通过公开发布的结果推断出个体样本的隐私信息，对隐私信息提供了更高级别的语义安全，因此被作为一种新型的隐私保护模型而广泛使用。

如图 2-4 所示，差分隐私机制将一个正常的统计学查询函数 $Q(\ )$ 的查询结果映射到一个随机化的值域上，并按照一定的概率分布返回查询结果，只要两个概率分布足够接近（不需要同分布，只需要统计不可分辨或者计算不可分辨），就实现了差分隐私保护能力。

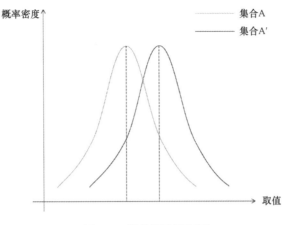

● 图 2-4　差分隐私示意图

4. 各技术对比

表 2-1 是隐私计算技术之间的对比，从中可以看到，同态加密技术具有普适性、无需交互的优点，是隐私保护计算的终极解决方案。当然，同态加密技术目前仍存在运算效率较低的缺点，等待此领域技术突破加以解决。

表 2-1　各技术之间对比

隐私保护技术	性能指标		
	通 用 性	计 算 量	通 信 量
安全多方计算	强	较大	大
可检索加密	差	较小	小
差分隐私	差	小	小
同态加密	强	较大	小

2.1.3　同态加密的近期发展

同态加密对于企业业务法规遵从性和数据隐私保护工作来说是一个重要手段。尤其是2018 年之后对数据隐私合规的监管有了巨大的变化。欧盟的《一般数据保护条例》（GDPR）生效后，美国的《加州消费者隐私法》（CCPA）于 2020 年 1 月 1 日也开始实施，还有多达 40 个州正在考虑数据隐私法。GDPR 之所以引人关注，是因为它对掌握用户数据企业严重违规行为的处罚力度极大，罚金为企业全球收入的 4%，比如，在没有足够的客户同意处理数据情况下对数据进行处理就有可能触发处罚条款。而 CCPA 是一个"迷你 GDPR"，可以让消费者控制自己数据的收集、使用和传输。

这些新的法规是为了改变过去互联网数据被严重破坏和滥用的乱象而产生的。不可否认的是，如今数据泄露现象非常严重，并非所有的漏洞都是外部攻击者造成的，据报道，内部威胁和特权访问约占违规行为的 35% ~ 60%。即使使用传统的加密（如静态加密和透明数据加密），数据库管理员也可以以明文形式访问用户所有数据，一旦没有监管，利用这些数据盈利对于数据管理人员来说是充满诱惑力的。

同态加密也可以是一种业务支持工具，可以用于实现云工作负载保护（"提升并转移"到云）、云/聚合分析（或隐私保护加密）、信息供应链整合（包含用户的数据以降低违约风险）以及自动化和协调（操作和触发加密数据以进行机对机通信）。

同态加密的应用还面临一个问题，即可能需要修改使用同态特性的应用程序。由于同态加密的特点，需要事先了解程序中执行哪种类型的计算（加法、乘法等），这样使得具有不太可预测或更自由形式操作的业务必须重写或修改应用程序，以使同态加密可行，这对于规模化的企业应用有时是存在一定障碍的。

同态加密离有较大现实意义的实现还有一定的距离，但是在差异隐私和隐私保护技术方面已经有了实质性的进展。有一些工具可以提供类似同态的加密，而没有同态加密带来的固有缺点，这样企业就可以强制执行更高的安全标准，而不会实际破坏流程或应用程序功能。企业不应该为了安全而牺牲速度，如果操作得当，安全性实际上可以加速用户的业务。消除安全和业务领导层之间的摩擦可以在部门之间建立信任，并创建更好的安全结果。

实用同态加密算法的广泛应用前景吸引着密码学家和学者。尽管同态加密是一个快速发展的领域，但在实际应用中，目前同态加密算法的低性能使其暂时还难以在企业环境中实现大规模应用。

2.1.4　同态加密的标准化

2017 年，来自学术界和工业界的密码学研究人员组建了同态加密标准化开放联盟（Homomorphic Encryption Community），并于当年 7 月召开了首届全同态加密标准化研讨会，开始共同推进全同态加密标准草案的编写工作，并发布了全同态加密安全标准、API标准、应用标准三份白皮书。

目前，HomomorphicEncryption. org 已举办了五届全同态加密标准化会议，参与成员包括微软、三星 SDS、英特尔、IBM、谷歌等企业，以及 NIST、ITU 等机构的代表和各大高校的学者。在标准化进展方面，HomomorphicEncryption. org 已分别于 2018 年 3 月和 11 月发布和更新了全同态加密标准草案。该标准草案的依据是同态加密标准化开放联盟前期编写的三份白皮书，这三份白皮书分别讨论了同态加密的安全性、API 和应用场景。目前版本的标准草案提供了方案描述、对其安全属性的详细解释以及安全参数表。该标准的未来版本将补充描述用于同态加密的标准 API 和编程模型。

1. 同态加密安全性白皮书

2017 年 7 月 13 日—14 日，在微软 Redmond 召开的同态加密标准化会议上（Homomorphic Encryption Standardization Workshop），展示了 6 个不同的同态加密库及其演示程序，这 6 个同态加密库包括 SEAL、HElib、Palisade、cuHE、NFLLib 和 HEAAN，全部都是基于环上 LWE（Ring Learning With Errors）问题的系统，实现的同态加密算法分别是 BGV 或 BFV.

标准化的一个重要部分是对不同参数集的安全级别达成一致。虽然学术界已经针对同态加密的安全参数集合进行了广泛的研究和基准测试，为这项工作奠定了基础，但是针对应用进行具体部署应设置哪些不同参数仍有待进一步研究。

对于同态加密方案，通常至少要考虑三个方面的性质：语义安全性（更具体来说，是选择明文攻击不可分辨性）、复合性（Compactness）、解密的效率。其中语义安全性是加密方案的基本安全性；复合性是指对密文执行同态运算造成密文长度膨胀的程度，复合性好的同态加密方案的密文长度膨胀程度较低；高效地解密意味着解密运算所需运行时间不取决于密文上所做过的同态运算。

大部分同态加密方案的安全性都可以规约到两个数学困难假设：带错误学习（Learning With Errors，LWE）假设、环上带错误学习（Ring Learning With Errors，RLWE）假设。这两个安全性假设将在第 4 章给出全同态加密方案具体实现之前进行详细定义。通过分析目前已有的针对 LWE 及 RLWE 的攻击手段，可以反推出要保证安全性至少应该如何设置参数。当基于 RLWE 的同态加密方案使用 2 指数幂圆分环时，目前还找不到比攻击 LWE 更好的 RLWE 攻击手段。

2. 同态加密 API 白皮书

同态加密的应用是建立在底层"电路"运算的基础上的，因此其设计及使用是一项非常复杂、易出错的工作。很多时候要想正确使用同态加密算法，需要开发人员小心地考虑密文内数据的组织形式，这给开发人员带来很大的不便，因此将同态加密算法封装为 API 形式供开发人员调用成为降低其使用难度并大力推广的重要前提。组织开源同态加密库的主要开发人员撰写同态加密 API 白皮书的目的在于为进一步标准化提供基础。

为了给同态加密应用提供必要程度的抽象，需要标准化的最小同态加密 API 集合应包括：一个存储模型用于标记序列化和解序列化密钥、密文、明文、加密参数、实现相关数据，以支持同态计算；一门类汇编的专用语言，用于表示同态加密程序中底层库调用。这两部分是同态加密标准的最核心部分。虽然标准存储模型和同态加密汇编语言很有用，但是让开发人员理解并直接调用函数库仍然存在一定的困难，所以还需要创建一个电路编译器，用于将应用业务逻辑转换为底层运算电路，进而实现库调用。上述完整过程需要标准化的内容可分解为几个层次：描述同态加密的编程模型、业务逻辑层、电路编译交互层、编译器与代码库交互层。

虽然标准化应该支持单一同态加密方案和参考实现的标准化，但标准 API 还应该确保足够通用，支持多个同态加密方案，因为在不同的应用场景中会有多种同态加密方案选择的需求。尤其是 API 的设计应该足够灵活和兼容，以合理的性能指标支持不同的应用场景。最佳的方法是在电路编译生态系统中使用 API，其中高级程序和动态、静态指定的参数可以在程序的编译阶段导入库的执行电路中。同时，不同的方案参数应该能够在执行开始时动态更新，以满足不同应用程序的需要。

从某种程度来说，存储模型 API 已经有一定基础了，因为只需要遵循现有加密 API 标准的设计模式即可。其唯一复杂性源于有多个同态加密方案需要标准化，目前聚焦于最广泛使用的同态加密方案，如 FV 方案、BGV 方案等。存储模型中，基于格密码学的在存储中的最大挑战是参数较多，需要能够处理各类元素（公钥、私钥、密文、明文等）存储的通用处理方法，涉及向量、矩阵、多维张量的存储，这些向量、矩阵、多维张量用于表示同态加密法方案中使用的多项式系数、有限域元素、整数模数等。

需要存储的加密上下文能够表示当前同态加密或密文运算会话的状态，进而可以指示编译器如何生成电路，并标识加密库可提供的指令集。具体说来，加密上下文包括如下元素：方案 ID（用于标识所使用的同态加密方案或同态加密方案变体）、方案独立参数（如 RLWE 参数、明文模数、明文维度等）、密钥负载（定义密钥的格式）。

为同态加密定义"合适的"类汇编语言可以有效地支持同态加密的大规模应用，该语言中主要包含电路描述信息，用于描述将执行的电路。所述的电路可以是设计人员手工设计，也可能来自同态加密电路编译器的输出，电路能够进行库函数的底层调用，也可以调用扩展库实现算法优化。设想一个系统架构，系统的计算模型由算术电路定义。开始时电路结构只包含较少的指令，随着同态加密编译器的演进，有更多的同态加密指令加入了指令集合。除了指令之外，还需要定义如何表示明文。作为第一种方法，假设明文可以编码为整数矩阵对明文模数取模。这里借用了 MATLAB 的思想，即所有的值，不管是标量还是向量等，都表示为矩阵。

3. 同态加密应用场景白皮书

为了说明同态加密在各领域应用的潜力，微软研究院主办的同态加密标准化会议上还列举了同态加密的典型潜在应用列表。列表中包括基因组学、关键基础设施保护、教育应用、医疗健康和控制系统保护。

在基因组学领域，共享数据时能否保证数据隐私已经成为限制该领域技术发展的一个重要因素。以现有的研究条件，各种 DNA 和 RNA 序列可以迅速且低代价地在许多实验室和医疗机构中生成。据估计，在未来 10 年或 20 年内，许多人将受益于全基因组序列的研究，同时基因数据也是研究生物学和人类历史的有力工具。举例来说，许多复杂疾病或流行病学的研究都需要数千个样本来检测模式，并对结果产生影响。然而广泛共享这些数据对于隐私来说是个严重挑战。对于每个人来说，自身的 DNA 和 RNA 序列都是生物特征识别码，可以用来标识每个人，同时 DNA 和 RNA 序列也包含了重要的医学信息，如疾病风险等。

目前已有的保护基因组学数据隐私性的方法给研究人员带来了很大的额外开销。NIH 资助的项目需要将基因组学数据存放在政府控制下的 NCBI 的 dbGaP 数据库中，或存放在少数"可信任的合作伙伴"掌握的数据库中。未来大规模的基因组学数据能否被 dbGaP 接受是个很大的问题，同时很多基因组学数据也找不到合适的地方存储。有人提出了构建基于云的替代存储方案，但目前尚未能实现。目前该领域仍处于不断变化的状态，因此有可能出现新的、更好的解决方案。基因组学数据共享的一些例子可以使用对数据的简单操作完成，因此非常适合用同态加密来实现。其中有两个称为 ClinShare 和 Matchmaking 的例子，通过数据共享分析揭示了基因变异在临床上的重大意义。其他的一些例子包括为全球基因组学和医疗保健联盟（GA4GH）创建的信标或其他工具。使用上述简单例子，可以组合完成对基因组的更复杂的分析，如 GWAS 和其他组合基因型、表型的统计分析。人类的基因组序列在 3B 碱基对上几乎完全相同，这意味着基因组数据可以简化为一个简单的差异载体。基因组序列的变化、变异、突变可以从基因序列中提取，并以一种称为 VCF 的简单格式共享。另外，包括相关的临床结果的表型数据可以打包成称为"Phenopacket"的交换格式。

关键基础设施对于社会正常运转、国家安全极其重要，保护其中信息的机密性以及不被非授权用户篡改非常重要。以电网为例，对电网数据分析结果可以用于控制电网和配电。攻击者通过篡改电网数据，可能会造成大规模停电事件。因此，电网数据即使要借用云计算来分析，也必须在云计算足够安全的前提下才可行。在此场景下，电网中每个节点的测量值都在不断获取后，以同态加密的方式发送到基于云的平台进行计算和分析。电网中的网络节点在收集到异常数据后（如电量非正常峰值），将异常数据加密后发送到云平台，以进行进一步的计算。计算后加密结果发送到电网决策中心进行分析和决策。

多种加密计算方式中同态加密是电网场景最合适的方法。从经济角度来看，同态加密只需要部署一台云服务器（不一定是可信的），而所有最终用户都仅需一个客户端接口就够用。其他加密计算方法（如 MPC）则需要更重、更昂贵的投入（即更多的服务器）。另一种方案，基于硬件的数据保护解决方案（如 Intel 的 SGX）具有信任模型不明确的缺点。此外，由于 SGX 的实现方法并未公开，因此无法验证算法和协议的正确性。因此，对于关键应用，如管理国家的电网或供水，更推荐使用同态加密方案。

另一个关键基础应用——智慧城市，也有类似情况，如为急救人员和救护车规划路线。假设发生了一场需要城市警察、消防和多辆救护车响应的事故，城市的云端平台可以快速加载一个服务器，向特定的城市部门（如警察、消防、救护车、交通）分配各科室的资产，规划从事故现场到合适医院的最佳路线。这些应用程序需要不同类型的算法，其中一些相对容易用同态加密来实现，但是有些算法的某些方面可能需要额外的研究。

医疗卫生系统中保存了大量用户隐私数据，因此其数据处理必须在能够保证敏感信息不被泄露的环境中进行。同态加密有助于解决医疗行业中某些应用程序的信息共享问题。依据理论来说，计费程序和医疗报告生成程序都需要访问个人医疗记录，并在医疗记录数据中进行计算和分析，同态加密可以实现允许进行这些计算而不"公开"披露这些记录，避免数据隐私暴露。

保护敏感数据的方法自然扩展到医疗保健的其他领域。举例来说，在精准医学领域，癌症病人的肿瘤往往各有特点，很少有完全相同的，肿瘤的这种异质性使得治疗方案的选择具有一定的挑战性，医生不仅需要根据患者的药物敏感性对治疗方案进行分析，还需要避免过度治疗（例如，如果肿瘤对一种或多种治疗没有反应），并预测不良健康事件。因此，将患者与个性化治疗相匹配就需要了解患者（即肿瘤）的基因组、患者的病史和表型特征，以及候选药物等具体情况，而这些知识纳入治疗选择过程就需要对高度可识别的数据进行密集计算，这种分析过程被称为药物基因组学。基于这种分析选择治疗方法的更广泛实践被称为精确医学。在整个治疗工作流程中，医院希望确定治疗的安全性和有效性，患者同时关心自己的隐私（希望医院能够遵守相关隐私保护准则），制药公司关心其知识产权是否被保护，特别是在其治疗方法专利获得授权之前。将同态加密应用于治疗评估过程能够同时确保治疗安全性和疗效、患者和制药公司的隐私。

在工业控制领域，控制系统或网络物理系统是控制信号操作物理系统的计算机系统，为了实现远程控制和智能化，往往会接入网络。整个控制系统可以分解为传感器、执行器、控制器。控制器用于接收来自传感器的传感数据，利用用户输入对其进行处理，以计算命令数据，并发送给执行器，执行器根据命令操作设备。为了保证数据的安全性和隐私，最近有研究人员建议使用同态加密方案来保护控制系统，具体来说，使用同态加密对传感数据进行加密，控制器不需要解密传感数据就可以进行处理，因此数据对控制器本身保密。同时保证了攻击者对加密数据的任何操作都可能被执行器的检测系统检测到。

4. 标准草案

目前最新版的同态加密标准草案版本为 1.1，于 2018 年 11 月 21 日发布。标准草案的内容主要包括两个部分：同态加密方案的标准化、同态加密方案的推荐参数。

第一部分主要描述了三个同态加密算法，即 BGV 算法、BFV 算法、GSW 算法。在实现同态加密方案时，不同应用场景会有许多不同的选择来优化算法，所以直接比较不同同态加密算法性能的优劣有时没那么容易，要考虑诸多应用场景因素。当前运行效率较高的同态加密方案仅运行执行有限深度的电路计算，当然可以通过使用一种称为"自举"的技巧（第 4 章中将介绍相关内容）将其转换为全同态加密方案。"自举"操作包括对解密电路的同态执行，对效率的影响非常大，因此目前在对其进行标准化。在 BGV 方案和 BFV 方案中使用"自举"要求方案底层格问题在近似因子为超多项式增长时，仍保持困难性，该假设强度过大，因此也存在安全性规约方面的一些麻烦。GSW 方案显然在这方面有一定的进步，其"自举"同态加密方案所基于的问题困难性近似因子仅为维度 n 的多项式。

标准草案中所描述的同态加密方案都基于 LWE 问题或 RLWE 问题。LWE 问题由 4 个参数 (n, m, q, χ) 定义，其中 n 是维度参数，m 是抽样个数，q 是模数，χ 是有理数域上的一个概率分布，用于定义误差向量的分布。LWE 问题困难性假设是指如下两个输出的概率分布计算不可分辨。

分布 1：均匀随机选择 m 行 n 列矩阵 $\boldsymbol{A}$，从向量空间 $\boldsymbol{Z}_q^n$ 中均匀随机选择向量 $\boldsymbol{s}$，依据误差分布 χ 从 $\boldsymbol{Z}^m$ 中选择误差向量 $\boldsymbol{e}$，计算 $\boldsymbol{c} = \boldsymbol{As} + \boldsymbol{e} \bmod q$，输出 $(\boldsymbol{A}, \boldsymbol{c})$。

分布 2：均匀随机选择 m 行 n 列矩阵 $\boldsymbol{A}$，从向量空间 $\boldsymbol{Z}_q^m$ 中均匀随机选择向量 $\boldsymbol{c}$，输出 $(\boldsymbol{A}, \boldsymbol{c})$。

RLWE 问题是 LWE 问题的特殊形式，其中矩阵 $\boldsymbol{A}$ 具有特殊的代数结构，或者说取自一个环。具体说来，RLWE 问题由三个参数 (m, q, χ) 定义，其中 m 是抽样个数，q 是模数，χ 是环 $R = Z[x]/f[x]$ 上的概率分布，用于定义误差向量的分布。RLWE 困难性假设要求如下两个输出的概率分布计算不可分辨。

分布 1：从环 R/qR 中均匀随机选择 $m+1$ 个元素 $(s, a_1, \cdots, a_m)$，依据误差分布 χ 从环 R 中选择 m 个误差向量 $(e_1, \cdots, e_m)$，计算 $b_i = sa_i + e_i$，输出 (a_i, b_i)，$i = 1, 2, \cdots, m$。

分布 2：从环 R/qR 中均匀随机选择 $2m$ 个元素 $(a_1, \cdots, a_m)$，$(b_1, \cdots, b_m)$，输出 (a_i, b_i)，$i = 1, 2, \cdots, m$。

要给出能够足以保证同态加密方案安全性的参数建议，首先看分析对 LWE 和 RLWE 问题攻击的算法能力如何。如果攻击算法效率很高、攻击效果很好，则需要设置较大的参数以提升算法攻击难度；反之，如果攻击算法效率较低，可以适当放松参数设置要求，选用较小的参数。

综合考虑多种攻击算法的最新进展，其中包括著名的 BKZ 算法。BKZ 算法是一个迭代、逐块执行的格基规约算法，可以用于解决格上最短向量问题，需调用 LLL 算法和一个求解低维格上 SVP 问题的算法作为子程序，这个 SVP 求解算法在实际应用中通常选用枚举算法或者筛法来实现。BKZ 算法有多种代价假设，通常称为不同的代价模型（Cost Model），包括"Sieve""ADPS16"等。

在实际应用场景中，影响同态加密方案安全性的参数包括维度 n、密文模数 q 等。下述表格涉及 3 个安全级别（分别为 128 比特、192 比特、256 比特），在给定 n，并指定误差分布的标准差为 $\sigma \approx 3.2$ 的情况下推荐参数 q 的值，并指出三种攻击手法（uSVP、dec、

dual）见效所需的运行时间（以 2 为底的指数）。表 2-2 与表 2-3 中考虑了秘密值的三种分
布：均匀分布、误差分布、二元分布。

表 2-2　代价模型 = BKZ. sieve 时的参数推荐设置

秘密值分布	n	安全级别	Log（q）	uSVP	dec	dual
均匀分布	1024	128	29	131.2	145.9	161.0
		192	21	192.5	225.3	247.2
		256	16	265.8	332.6	356.7
	2048	128	56	129.8	137.9	148.2
		192	39	197.6	217.5	233.7
		256	31	258.6	294.3	314.5
	4096	128	111	128.2	132.0	139.5
		192	77	194.7	205.5	216.4
		256	60	260.4	280.4	295.1
	8192	128	220	128.5	130.1	136.3
		192	154	192.2	197.5	205.3
		256	120	256.5	267.3	277.5
	16384	128	440	128.1	129.0	133.9
		192	307	192.1	194.7	201.0
		256	239	256.6	261.6	269.3
	32768	128	880	128.8	129.1	133.6
		192	612	193.0	193.9	198.2
		256	478	256.4	258.8	265.1
误差分布	1024	128	29	131.2	145.9	141.8
		192	21	192.5	225.3	210.2
		256	16	265.8	332.6	300.5
	2048	128	56	129.8	137.9	135.7
		192	39	197.6	217.5	209.6
		256	31	258.6	294.3	280.3
	4096	128	111	128.2	132.0	131.4
		192	77	194.7	205.5	201.5
		256	60	260.4	280.4	270.1

（续）

秘密值分布	n	安全级别	Log（q）	uSVP	dec	dual
误差分布	8192	128	220	128.5	130.1	130.1
		192	154	192.2	197.5	196.9
		256	120	256.5	267.3	263.8
	16384	128	440	128.1	129.3	130.2
		192	307	192.1	194.7	196.2
		256	239	256.6	261.6	264.5
	32768	128	883	128.5	128.8	130.0
		192	613	192.7	193.6	193.4
		256	478	256.4	258.8	257.9
二元分布	1024	128	27	131.6	160.2	138.7
		192	19	193.0	259.5	207.7
		256	14	265.6	406.4	293.8
	2048	128	54	129.7	144.4	134.2
		192	37	197.5	233.0	207.8
		256	29	259.1	321.7	273.5
	4096	128	109	128.1	134.9	129.9
		192	75	194.7	212.2	198.5
		256	58	260.4	292.6	270.1
	8192	128	218	128.5	131.5	129.2
		192	152	192.2	200.4	194.6
		256	118	256.7	273.0	260.6
	16384	128	438	128.1	129.9	129.0
		192	305	192.1	196.2	193.2
		256	237	256.9	264.2	259.8
	32768	128	881	128.5	129.1	128.5
		192	611	192.7	194.2	193.7
		256	476	256.4	260.2	258.2

表 2-3　代价模型 = BKZ. qsieve 时的参数推荐设置

秘密值分布	n	安全级别	Log（q）	uSVP	dec	dual
均匀分布	1024	128	27	132. 2	149. 3	164. 5
		192	19	199. 3	241. 6	261. 6
		256	15	262. 9	341. 1	360. 8
	2048	128	53	128. 1	137. 6	147. 6
		192	37	193. 6	215. 8	231. 4
		256	29	257. 2	297. 9	316. 6
	4096	128	103	129. 1	134. 2	141. 7
		192	72	193. 8	206. 2	217. 2
		256	56	259. 2	281. 9	296. 5
	8192	128	206	128. 2	130. 7	136. 6
		192	143	192. 9	199. 3	207. 3
		256	111	258. 4	270. 8	280. 7
	16384	128	413	128. 2	129. 0	132. 7
		192	286	192. 1	195. 3	201. 4
		256	222	257. 2	263. 1	270. 6
	32768	128	829	128. 1	128. 4	130. 8
		192	573	192. 0	193. 3	197. 5
		256	445	256. 1	259. 0	265. 2
误差分布	1024	128	27	132. 2	149. 3	144. 5
		192	19	199. 3	241. 6	224. 0
		256	15	262. 9	341. 1	302. 3
	2048	128	53	128. 1	137. 6	134. 8
		192	37	193. 6	215. 8	206. 7
		256	29	257. 2	297. 9	281. 4
	4096	128	103	129. 1	134. 2	133. 1
		192	72	193. 8	206. 2	201. 8
		256	56	259. 2	281. 9	270. 4
	8192	128	206	128. 2	130. 7	130. 1
		192	143	192. 9	199. 3	198. 5
		256	111	258. 4	270. 8	266. 6

（续）

秘密值分布	n	安全级别	Log（q）	uSVP	dec	dual
误差分布	16384	128	413	128.2	129.0	130.1
		192	286	192.1	195.3	196.6
		256	222	257.2	263.1	265.8
	32768	128	829	128.1	128.4	129.8
		192	573	192.0	193.3	192.8
		256	445	256.1	259.0	260.4
二元分布	1024	128	25	132.6	165.5	142.3
		192	17	199.9	284.1	222.2
		256	13	262.6	423.1	296.6
	2048	128	51	128.6	144.3	133.4
		192	35	193.5	231.9	205.2
		256	27	257.1	327.8	274.4
	4096	128	101	129.6	137.4	131.5
		192	70	193.7	213.6	198.8
		256	54	259.7	295.2	270.6
	8192	128	202	129.8	130.7	128.0
		192	141	192.9	202.5	196.1
		256	109	258.3	276.6	263.1
	16384	128	411	128.2	129.5	129.0
		192	284	192.0	196.8	193.7
		256	220	257.2	265.8	260.7
	32768	128	827	128.1	128.7	128.4
		192	571	192.0	194.1	193.1
		256	443	256.1	260.4	260.4

2.2 电路加密

密码学领域涉及的电路一般有两种：布尔电路和算术电路。两者都用于表示计算过程（或者说通常意义上的算法），它们的区别仅在于输入的类型和门电路类型。布尔电路的输入及输出是比特，门电路是布尔操作，如与、或、非等；算术电路的输入是某个域上的元素，其门电路通常是域上的算术运算，即加法和乘法。

2.2.1 为什么用电路来表示

在计算复杂性理论中，计算多项式最自然的计算模型就是算术电路。简单地说，算术电路以变量或数字作为输入，并且允许使用加法、乘法两种运算来操作表达式。使用算术电路可以很好地理解计算多项式所需的复杂性。对于一个给定的域 F，一个算术电路计算一个在 $F[x_1, \cdots, x_n]$ 中的多项式。顺便提一句，证明某些多项式在算术电路下需要操作步骤的下界问题是计算复杂性理论中重要的难题。

同态加密算法定义在域上，所以使用算术电路来表示计算是很方便的。如图 2-5 所示为 $(x_1+2)(x_2+3)(x_3+6)$ 的算术电路。

不管是布尔电路还是算术电路，都有一个在应用于同态加密时很优良的特性，即电路包含的操作非常简单，仅仅是电路门所对应的逻辑操作或算术操作，没有选择、判断、循环等复杂操作，这对于密文处理来说太便利了，用户仅需要对每一个电路门实现同态密义运算即可。在密码学的研究应用以及计算复杂性的研究中，使用电路来表示运算或者算法屡见不鲜，比如在安全多方计算中往往也是采用电路来表示计算的。

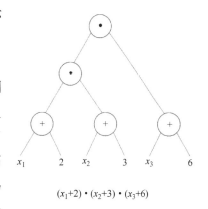

$(x_1+2) \cdot (x_2+3) \cdot (x_3+6)$

● 图 2-5 算术电路示意图

对于密码学研究人员来说，使用电路确实省事，但是对于程序设计开发人员来说，将已有的程序或者算法翻译成电路是一件难度很大的事情。

2.2.2 布尔电路：数理逻辑的玩具

数理逻辑是研究推理逻辑规律的数学分支，它采用数学符号化的方法，给出推理规则来建立推理体系，进而讨论推理体系的一致性、可靠性、完备性。在计算机科学中，数理逻辑是一门基础课，也是数字电路发展的理论基础。数理逻辑中最基础的概念是命题真伪的推导和计算，其中命题真值的演算过程需要使用"与""或""非"等逻辑连接词。

布尔电路是组合数字逻辑电路的数学模型，布尔电路也被用作数字电子学中组合逻辑的形式化模型。布尔电路由输入、输出、逻辑门和有向连接线组成。输入、输出和逻辑门通过连接线连接。如果把输入、输出和逻辑门看作节点，把线看作边，一个布尔电路就可以用一个有向图来表示。一个布尔电路由电路中所包含的逻辑门来定义，如与门、或门、非门等，每一个逻辑门对应一个输出为单比特的布尔函数，如图2-6所示。

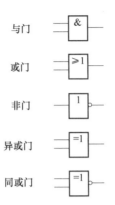

与门

或门

非门

异或门

同或门

● 图2-6　常用逻辑门示意图

上述逻辑门也可以用文本符号表示，与门符号为"∧"，或门符号为"∨"，非门符号为"¬"，异或门符号为"⊕"，同或门符号为"⊙"。布尔函数可以用逻辑门在硬件上实现。布尔电路或布尔网络由电路门组成，用于实现一些布尔函数。当上下文中的含义明确时，可以使用术语"电路"或"网络"来表示布尔电路。图2-7给出了布尔电路的示意图。

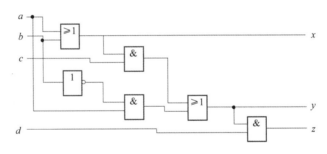

● 图2-7　布尔电路示意图

为展示布尔电路的能力，这里给出一个使用布尔电路实现加法运算的例子。假设给定两个 n 比特的整数 a 和 b，用二进制表示为 $a=a_{n-1}a_{n-2}\cdots a_0$，$b=b_{n-1}b_{n-2}\cdots b_0$，下面使用布尔电路实现 $a+b$ 的计算，令 $s=a+b$。显然其是 $n+1$ 比特的整数，用二进制表示为 $s=s_n s_{n-1}\cdots s_0$，为了进一步表示二进制加法过程，定义 c_i 为第 i 位的进位，$i=0,1,\cdots,n$。

回顾一下二进制加法过程，显然符合如下规则：

$$s_0 = a_0 \oplus b_0$$

$$c_0 = 0$$

$$c_i = (a_{i-1} \wedge b_{i-1}) \vee (a_{i-1} \wedge c_{i-1}) \vee (b_{i-1} \wedge c_{i-1})$$

$$s_i = a_i \oplus b_i \oplus c_i$$

$$s_n = c_n$$

通常，加法是从低位到高位顺序执行的，因为高位的计算结果受到低位进位的影响。但是在加法电路的设计中希望通过电路能够提升并发性，观察到以下情况：第 i 位存在进位，意味着在第 i 位之前，有某个位置生成进位，并且该进位一直传递到第 i 位。

为标记进位信息，对于 $0 \leq i \leq n$，有如下两个变量定义：

$$g_i = a_i \wedge b_i$$
$$p_i = a_i \vee b_i$$

这两个变量的含义是：$g_i = 1$ 时说明第 i 位产生一个进位；$p_i = 1$ 时说明第 i 位能够传递一个进位。也就是说，如果第 $i-1$ 位有进位传递给第 i 位，那么第 i 位会将该进位传递给第 $i+1$ 位。

因此，"第 i 位存在进位"这一事件成立的条件用形式化的文本符号表示为：

$$C_i = \bigvee_{j=0}^{i-1} \left(g_j \wedge \bigwedge_{k=j+1}^{i-1} p_k \right) \text{ for } 1 \leq i \leq n$$

一旦可以计算进位，则可以计算每一位的求和结果为：$s_0 = a_0 \oplus b_0$、$s_i = a_i \oplus b_i \oplus c_i$、$s_n = c_n$。这三个公式结合前面进位计算的公式，可以看出 C_i 可以并行计算。于是，整个加法过程也可以并行计算，$n=3$ 时的布尔电路如图 2-8 所示。

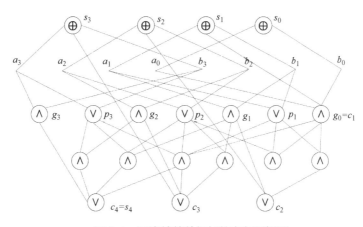

● 图 2-8　三比特整数相加的布尔逻辑图

2.2.3　用电路表示算法

对于程序员朋友来说，平时开发程序参考的算法都是用伪代码或者流程图表示的。一般情况下，算法中有三种结构：顺序、选择、循环。

使用类 C 语言伪代码表示，典型的选择结构如下。

```
if(条件)
语句块 1;
```

```
                                    else
                                      语句块 2；
```

使用流程图表示为图 2-9 所示。使用流程图实现时，可以使用组合逻辑，通过下述布尔代数式来表达：

$$（条件 \wedge 语句块 1）\vee（\neg \ 条件 \wedge 语句块 2）$$

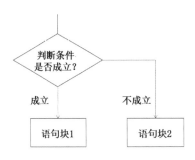

● 图 2-9　if-else 流程图

或者使用电路图表示，如图 2-10 所示。该电路执行的流程是，从"开始"信号启动电路后，首先组合条件逻辑模块输出条件为"真"或"假"的信号，如果条件为"真"，执行信号就激活语句块 1 的执行逻辑；反之，如果条件为"假"，执行信号就激活语句块 2 的执行逻辑。总而言之，根据条件信号，响应开始启动语句块 1 或语句块 2。一旦语句块 1 和语句块 2 中的任意一个输出"已完成"信号，或门将"已完成"信号作为整个逻辑块的输出完成。

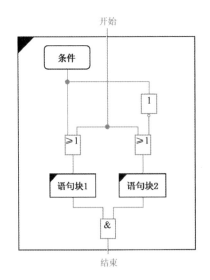

● 图 2-10　结构电路图

循环结构一般有三种模式：while 循环、for 循环、do-while 循环。以 while 循环为例，典型的 while 循环结构如下：

```
while(条件)
循环体;
```

使用流程图表示为图 2-11 所示。

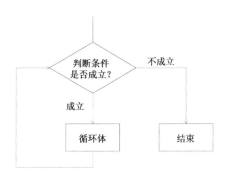

● 图 2-11　while 循环流程图

　　while 循环执行的原理是，每次循环开始前先判断条件是否成立，如果成立则进入循环体并执行一次，如果不成立则结束。使用电路图的表示为图 2-12 所示。

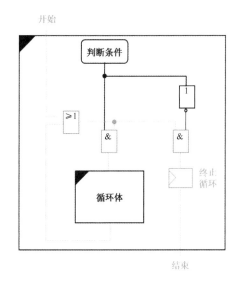

● 图 2-12　while 循环结构电路图

　　上述电路执行的流程是，判断条件组合逻辑输出一个条件为"真"或者为"假"的信号，当开始执行信号到来时，如果条件为"真"，则进入循环体执行，如果条件为"假"，则进入一个翻转信号后，输出"已完成"信号。

2.2.4 同态加密中的电路

在各类具体应用中，需要对算法电路进行精心设计，以免在应用同态方案时由于电路规模过于庞大导致效率太低。以检索为例来分析电路的构成，在数据库中进行一次检索由两个步骤组成：首先要把检索内容与数据库中的数据进行比较（对比步骤）；其次要根据上一步对比的结果进行输出（决定步骤）。如果使用同态加密实现密文检索，必须借用特定的密文同态操作，具体说来，实现如下三个同态电路模块就可以构建同态密文检索方案了。

- 同态减法模块 FHE_Sub。
- 同态比特逆模块 FHE_Inv。
- 同态相等判断模块 FHE_Equal。

1. FHE_Sub 的实现

FHE_Sub 实现密文减法，以 a 和 b 的减法为例，令 a' 和 b' 是 a 和 b 加密以后所得的密文，a 和 b 之间的减法可以使用下述公式实现：

$$a-b=a+b \text{ 的补码}$$

即密文减法 $a' - b'$ 可以通过 a' 加上 b 补码的密文来实现。而 b 补码的密文可以通过下述公式来实现：

$$\text{Enc}(b \text{ 的补码}, pk)= b' \oplus \text{Enc}(11\cdots1, pk) \oplus \text{Enc}(1, pk)$$

因此，整个 FHE_Sub 可以通过图 2-13 所示电路模块图实现。

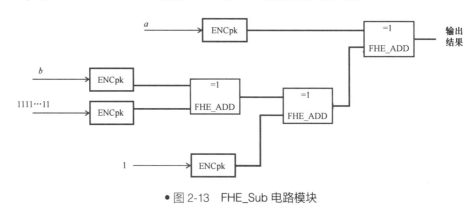

• 图 2-13 FHE_Sub 电路模块

2. FHE_Inv 的实现

FHE_Inv 模块执行加密的比特翻转：将 0 的密文变成 1 的密文，将 1 的密文变成 0 的密文。当输入记为"输入"时，该模块可以通过如下简单公式实现：

$$\text{输出} = \text{输入} \oplus \text{Enc}(1, pk)$$

3. FHE_Equal 的实现

本模块如图 2-14 所示，用于检查两块密文数据是否同态相等（即对应明文是否相等），如果二者相等，则二者之差为 0，因此只需用 FHE_Sub 模块进行密文减法，然后执行以下步骤。

1）使用 FHE_Inv 模块对减法结果的每一个比特都同态地进行翻转。

2）将上一步的结果进行逐比特同态相乘。

3）如果相减的结果非 0（意味着两个输入数据对应明文不相等），则相减结果至少有一个比特非 0，于是翻转后逐比特同态相乘的结果为 0 的密文。

4）检查逐比特同态相乘的结果，如果是 Enc(1) 则代表"相等"；如果是 Enc(0) 则代表"不等"。

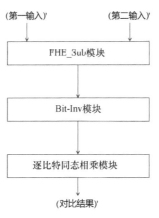

● 图 2-14　FHE_Equal 方案

4. 密文数据的同态搜索

有了上述几个模块作为工具，可以很容易地构建密文同态搜索算法。令检索关键词密文为 s，加密数据库为 DB，其中包含 n 个加密数据项，检索流程如图 2-15 所示。

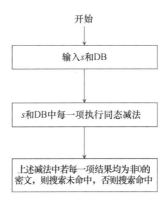

● 图 2-15　密文同态检索流程

如果要检查同态减法的每一项，需要解密 n 次，为了简单起见，采取如下流程。

1）使用 FHE_Sub 对 s 和 DB 中的每个数据项执行同态减法运算，记结果为 sub_1，sub_2，$\cdots$，sub_n。

2）使用 FHE_Equal 检查 sub_1，sub_2，$\cdots$，sub_n 是否等于 0。

3）为避免解密 FHE_Equal 的每个结果，将上一步中 FHE_Equal 执行的 n 个结果均执行同态翻转 FHE_Inv，并将 n 个翻转后结果同态相乘，得到一个输出结果。

4）若输出结果为 0 的密文，则搜索成功；若输出结果为 1 的密文，则说明 DB 中不包含 s 所表示的检索项。

5. 同态密文交换

排序是一种常用的算法，在数据的排序过程中经常使用交换功能，例如，多次使用冒泡排序算法直接交换两个数据。同态密文交换是有效实效同态密文排序算法的关键模块。

使用 FHE_Mux、同态加法 FHE_Sub 可以很容易组装出同态密文交换电路，如图 2-16 所示。

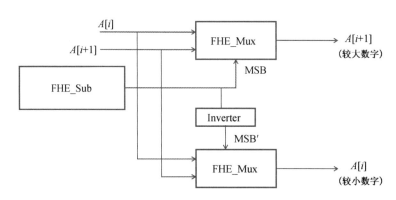

• 图 2-16　同态密文交换电路 FHE_Swap

FHE_Swap 模块对两个输入数据（记为 $A[i]$ 和 $A[i+1]$）进行操作，通过 FHE_Sub 进行同态减法以判断 $A[i]$ 和 $A[i+1]$ 的大小，并使用 FHE_Mux 模块来实现交换，如下：

$$A[i] = \text{FHE\_Mux}(A[i], A[i+1], bt)$$
$$A[i+1] = \text{FHE\_Mux}(A[i], A[i+1], (1-bt))$$

其中，FHE_Mux 电路模块的功能是根据最后一个输入比特决定从前两个输入中选择一个作为输出。如果 $bt = 1$，则输出第一个输入参数；如果 $bt = 0$，则输出第二个输入参数。

2.3 同态加密的分类

根据对密文数据进行操作的种类和次数，同态加密方案可以分为三大类。

- 半同态加密（Partially Homomorphic Encryption，PHE），仅支持一种同态运算，但是支持执行无限次该同态运算。
- 部分同态加密（Somewhat Homomorphic Encryption，SWHE），可以支持多种同态运算，但是同态运算的次数有限。
- 全同态加密（Fully Homomorphic Encryption，FHE），支持无限次、所有种类同态和运算。

PHE 方案在一些应用中可以使用，如在线投票、隐私信息检索（Private Information Retrieval，PIR），这些应用的特点是仅需要使用一种同态运算就够了，如仅使用同态加法或者同态乘法。

SWHE 方案必须同时支持同态加法和同态乘法，但是 SWHE 方案密文的尺寸随着同态运算次数增长得很快，因此总的运算次数受限。这些缺点使得在实际应用中，PHE 和 SWHE 都受到一定限制。

Gentry 提出了第一个 FHE 方案，该方案基于理想格构造，但是这个方案的效率比较低，除了重大的理论意义以外，其工程实现的效率并不好。之后有许多人基于 Gentry 的方案进行了改进，并给出了不同的 FHE 方案。

2.3.1 半同态加密

半同态加密仅支持密文之间的加法或者乘法，有多个传统的加密算法都具有半同态性，如 RSA、ElGamal、Goldwasser-Micali 等。现有的 PHE 方案都是非对称的公钥加密方案，其中大部分都是加法同态方案，但是 RSA、ElGamal 属于乘法同态方案，在计算性能方面，RSA、ElGamal 的表现优越。

许多 PHE 方案已经有实际落地的应用了，并且大多数方案的单次密文加法或乘法运算在几秒内即可完成，例如，在电子投票系统和生物信息保护领域，Pai 方案加解密 1024 比特的数据块大约需要 2313ms。

2011 年，MIT 计算机科学和人工智能实验室（CSAIL）研发了一个加密数据库系统 CryptDB，该数据库系统允许用户查询加密的 SQL 数据库，而且能在无须解密存储信息的情况下返回结果。其原理是在可信的 MySQL-Prxoy 代理服务器端对明文 SQL 语句进行拦截，之后对隐私字段进行加密，将改写后的 SQL 语句提交到不可信的 MySQL 服务器端执行存储以实现对隐私数据的保护。CryptDB 系统可直接对密文数据进行 SQL 操作。

但是，为了支持多种不同的查询操作，CryptDB 不得不同时使用多种加密算法对数据库内的数据进行加密。例如，使用 Pai 同态加密算法支持计数查询，使用 Song 同态加密算法或 EGM 同态加密算法支持关键词检索。但是这会使存储数据量急剧增大，同时通信开销也会增加。

操作种类受限显然制约了 PHE 方案在大数据外包计算中的大规模应用。已经有一些工作考虑改进 PHE 方案以满足更多的应用，例如，MREA 方案和 CEG 方案。

2.3.2　部分同态加密

SWHE 方案能够同时支持加法同态运算和乘法同态运算，因此在应用场景范围方面，比 PHE 更有优势。但是 SWHE 支持的同态运算次数有限，次数上限是由能否正确解密密文决定的。

通常情况下，同态加密输出的密文中包含"噪声"，每次同态运算都会增大密文中的噪声值，解密运算能够消除噪声，一旦对密文进行同态运算的次数超过上限，则会导致密文中的"噪声"过大无法解密。

21 世纪初提出的大多数同态加密方案都被归类为 SWHE 方案，因为这些方案都尽可能地保持低的噪声参数，因而可以执行的操作数量有限。换句话说，SWHE 方案只能支持部分现实场景。

在首个 FHE 方案出现以前，已经出现了许多 SWHE 方案。2009 年，Craig 提出第一个 FHE 方案之后，先构建 SWHE 再转化为 FHE 的范式促使更多的 SWHE 方案被提出，用于构建更高效的 FHE。

在文献里面出现得最早的重要 SWHE 方案是 Polly Cracker 方案，该方案的密文大小随着同态运算次数增大呈指数增长，尤其是乘法运算导致的密文增长更为迅速。随后研究者们提出了多个对 Polly Cracker 改进的方案，可惜的是这些改进方案均被发现存在安全性漏洞。

另一个角度实现密文运算的尝试是使用不同的代数集合作为加密方案的基础。1999 年出现的 SYY 方案，其底层代数集合为 NC^1 中的一个半群。NC^1 是一个复杂类，该类中包含具有深度为多项式对数且大小为多项式的电路。SYY 方案支持多项式次密文同态相加，但仅支持单次密文同态求逆或求和运算。

SWHE 方案里面最重要的一个是 2005 年提出的 BGN 方案，该方案能够在密文上同态执行 2-析取范式（二元合取范式的析取）运算，并能够支持无限次加法同态运算以及一次乘法同态运算，且具有同态运算后密文大小保持不变的优点。BGN 方案的安全性基于子群判定问题的困难性，该问题判定群 G 中的特定元素是否为子群 G_p 中的元素，其中 G 的阶为 $n=pq$，p 和 q 为不同的素数。

2.3.3　全同态加密

允许对密文进行无限次任意同态运算操作，且结果输出在密文空间内的同态加密方案称为全同态加密（FHE）方案。在"隐私同态"概念自 1978 年引入后，人们经过大约 30 年才找到实现 FHE 的实际方案。2009 年 Gentry 在其博士论文中不仅给出了一个 FHE 方案，而且提出一个通用的 FHE 框架。

尽管 Gentry 提出的基于理想格的 FHE 方案实现了理论性的突破，但该方案在实际应用中也存在许多瓶颈，最典型的就是计算量过大，方案中使用的数学概念使该方案复杂、难以理解和实现。因此，后续有许多新的方案对 Gentry 的 FHE 进行了改进，以突破这些方式实现中的瓶颈。

从算法设计原理的角度来看，现有的 FHE 方案可以分成三大类：基于格、基于纠错码、基于数论。

1. 基于格的 FHE

格是欧几里得空间中按规律整齐排列的点所组成的集合。基于格的密码学具有诸多优点：抗量子攻击安全性、最坏情况到平均情况的规约。在格方法中，公钥对应格的"坏"基，或者说是基向量较长、基向量之间夹角较小的一组基；而私钥对应格的"好"基，或者说是基向量较短、基向量之间倾向于互相垂直的一组基。使用基于格的方法来构建 FHE 还有一个优点在于，解密电路的复杂度往往低于之前的同态加密方案（如 RSA、EGM）。

2. 基于纠错码的 FHE

2011 年，Bogdanov 和 Lee 提出了一个基于纠错码的 FHE 方案。基于纠错码的方案和基于格的方案一样，密文的加密过程都是通过仿射变换及增加噪声实现的，基于格的方案中，密文的安全性是通过隐藏在噪声中实现的，而在基于纠错码的方案中，明文则隐藏在仿射变换中，噪声用于保证仿射变换不可逆。

3. 基于数论的 FHE

数论方法在公钥密码设计中占有很重要的地位，在过去二十年中，FHE 的设计人员也开始考虑使用数论作为底层数学基础设计无噪声的 FHE 方案，以解决基于格 FHE 的性能问题。现有基于数论 FHE 方案可以进一步分为四类。

● DGHV 方案及其改进。2010 年，Dijk、Gentry、Halevi、Vaikuntanathan 四人提出一

个基于整数的 FHE 方案，称为 DGHV 方案。该方案的安全性基于近似最大公约数（A-GCD）问题，为了实现全同态，DGHV 方案依然使用 Gentry 提出的自举技术，导致其效率受限。DGHV 方案及其后续改进均被认为不是无噪声的 FHE 方案。

- 基于交换环和非交换环的方案。2012 年，有人提出了基于整数分解问题的 FHE，该方案建立在交换环上，是一个对称加密方案。针对该方案的改进，有人提出在非交换环上设计方案。

- 基于整数向量的方案。2014 年出现了将基于 LWE 方案进行模数切换（Modulus Switching）的方案，该方案支持整数向量的三种基本操作：加法、线性变换、带权内积。

- 基于八元代数（Octonion Algebra）的方案。有一些 FHE 方案为了解决其普遍存在的性能偏低问题，研究有限环 Z_q 上的八元代数结构 FHE 方案，此类方案的安全性基于多变量二次方程系统困难性假设。

2.3.4　如何构造全同态加密

在 Gentry 提出首个 FHE 之后，格密码成为密码学研究者们设计 FHE 的新宠。有些方案致力于改进 Gentry 的初始方案，还有些方案使用 NTRU 方法，设计类似于 NTRU 的方案。许多方案都在解决如何将 SWHE 方案改进为 FHE，典型的方法是使用自举，再加上电路 "碾碎" 技术把解密电路碾碎至较小规模。

遵循上述思路，2010 年出现了一个整数上的 FHE 方案，该方案的安全性基于近似 GCD 问题的困难性。该方案的设计思路很简单，就是把 FHE 方案的设计范式应用到整数上，正是因为整数上的运算比较好理解，学习该方案要比 Gentry 的第一个 FHE 方案容易得多。后来，进一步出现了以环上 LWE 问题为基础的 FHE 方案，该方案在计算效率上具有一些优势。2012 年，另一种以 NTRU 方案为基础的 "类 NTRU" FHE 方案也提出来了。

1. 自举

自举实际上是密文的 "重新加密"，其目的在于重新计算带噪声密文以得到 "新鲜" 密文。后者的优势在于，"新鲜" 密文所带的噪声值较小。根据 Gentry 2009 年提出的首个方案，如果一个 HE 方案能够同态地执行其加密电路，则称该方案为 "可自举的"（Bootstrappable）。首先要将密文转化为可自举的密文（这是通过 "碾碎" 技术来实现），然后通过应用自举过程获得 "新鲜" 密文。

整个自举过程大概如下所示。

1）假设有两个不同的公私钥对（$pk1$, $sk1$）和（$pk2$, $sk2$），私钥由用户自行保管，公钥公开发布，服务器知道公钥 $pk1$、$pk2$。

2）将 Enc_{pk1}（sk1）发送给服务器。

3）令明文消息 m 的密文为 $c = \mathrm{Enc}_{pk1}(m)$，发送给服务器。

4）服务器使用另一个公钥 pk2 对密文 c 进行加密。

5）使用 Enc_{pk1}（sk1）进行同态解密，$c' = \mathrm{Enc}_{pk2}(\mathrm{Dec}_{sk1}(c)) = \mathrm{Enc}_{pk2}(m)$。

经过上述自举过程，密文 c' 是明文消息 m 使用 pk2 加密的密文。由于加密方案假定具有语义安全性，因此攻击者无法区分对私钥和对其他值的加密。

通过解密消除了噪声，同时解密过程是在加密状态下进行的，因此密文运算也引入了噪声。其中的关键点在于，解密消除"大"噪声，而密文运算引入了"小"噪声，因此密文总体的噪声值得以降低。

后续的同态加密运算可以在"新鲜"密文 c' 上执行，直到噪声值再一次抵达门限时再进行自举。但是也要注意到，自举过程极大地增加了计算量，这也成了 FHE 大规模推广使用的一个主要障碍。

简而言之，从一个 SWHE 方案出发，使用碾碎技术将解密电路深度降到合理范围后，再使用自举技术就能够构建一个 FHE 方案。

在 Gentry 的第一个（2009 年）方案中，密钥生成算法中留下了一个问题，如何生成带有好基的理想格。2010 年，Gentry 给出了一个新的密钥生成算法，Stehle 和 Steinfel 进一步完善了该算法，修补了一个安全性漏洞。之后涌现出对 Gentry 方案的多个改进。

2. 电路碾碎

虽然自举过程可以直接用在可自举的密文上，但是有一个限制条件必须满足：解密电路的深度要足够小，而电路深度直接取决于电路中门的具体数量，因此要满足自举条件，电路首先必须足够简单。

电路"碾碎"技巧就是为了将原来的解密电路深度变小，具体步骤如下。

1）选择一组向量，这组向量的和等于私钥的乘法逆元。

2）将密文乘以这组元素，则电路的多项式复杂度将降低到可自举的程度。

但是这样处理以后，增加了一个安全性假设，即稀疏子集和问题（Sparse Subset Sum Problem）的困难性。

3. 尺度不变变换

2012 年，有研究人员提出了另一种有趣的技术来处理密文中的噪声，该技术称为"尺度不变"（Scale Invariant）变换。在该技术之前的 FHE 方案中，明文消息比特放置在密文的低位中，这就需要使用模切换来管理噪声。为了解决上述问题，将明文消息比特放置在密文的高位，这样可以更高效地控制密文的增长。

但是"尺度不变"变换也带来取整（Rounding）操作更复杂的副作用，需要乘法同态性的支持。

4. 压平

Gentry 提出了一种"压平"（Flatten）技术，这是基于模数切换的一种新技巧，当密文表示为矩阵形式、密钥以向量形式表示时特别有效。

2.4　同态加密在云计算中的应用

随着计算机技术和互联网的发展，计算概念从并行计算转向分布式和网格计算，之后又转向云计算。云计算的应用在当今 IT 界非常普遍，在业务层面，云计算能够带来许多优势，例如，通过共享和虚拟化技术访问和使用可配置的计算资源，使得客户可以以较低的成本实现计算和存储。

云计算代表了 IT 产业迅速向规模化、集约化与专业化方向发展的趋势，能够进一步降低 IT 服务成本，同时提升 IT 资源的有效利用率，被公认为是继个人计算机和互联网之后的第三次 IT 革命，具有巨大的市场前景和社会价值。促使云计算诞生和兴起的主要因素是高速互联网、虚拟化技术以及越来越廉价的硬件设施，而当前迅猛发展的移动互联网、物联网、可穿戴计算、大数据等产业则进一步加速了云计算的发展和壮大，使其在技术和商业上得以快速成熟。

云计算服务提供商所提供的云服务多种多样，按照服务模式和体系结构从底向上的层次关系，可分为三个大类别：基础设施即服务（Infrastructure as a Service，IaaS），是云计算最初的服务模式，利用虚拟化技术将各类 IT 资源整合成为一个虚拟的资源池，通过网络提供给用户，用户可以按自己的需要定制和调整各个资源的配额，并按实际的使用量付费；平台即服务（Platform as a Service，PaaS），将软件研发的平台作为一种云服务，能够提供数据库、应用服务器等各类中间件平台的开发接口，用户可以在其上开发并部署自己的应用服务；软件即服务（Software as a Service，SaaS），指在云计算的硬件设施基础上为客户提供软件租赁服务，使得用户无须安装部署即可直接使用软件。可以将 SaaS 模式的广泛运用视作云计算产业真正成熟的重要标志。

云计算的优点是集中了大量的计算能力、空间和效率，因此客户可以将他们的复杂计算任务和大规模存储要求外包给云计算平台。但是云计算平台在提供便利性的同时，也面临新的安全挑战，如客户的数据隐私、机密性和可检查性。为了保护客户的个人数据不被未经授权用户使用，客户需要在将自己的数据外包之前对其数据进行加密，但是进一步对这些加密数据执行计算对于云服务器来说是一个难题。同态加密技术能够对密文进行计算，是解决这个难题的优良解决方法。值得一提的是，有许多应用程序只需要有限数量的操作，因此某种程度上部分同态加密或者半同态加密系统就足够了。在亚马逊的 AWS 云服务中，已经使用全同态加密方法对 DynamoDB 存储的数据进行了加密。

如今，数据隐私和安全成为各种云应用、多方计算场景等的重要组成部分。同态加密的概念虽然解决了存储数据的保密性和密文运算问题，但是实际应用中，这些同态加密机制仍然存在许多复杂性，仍有一些问题需要进一步研究。

- 很多同态加密方案中，将加密算法应用于明文后，密文的大小比原始明文要大，甚至大很多，那么对加密数据执行计算的时间要比对明文执行计算更多。如何加速密文运算的速率是一个值得研究的课题。

- 同态加密方案中，密文总是包含噪声，并且这些噪声随着后期同态乘法计算而变得越来越庞大，只有噪声保持在某个阈值内的密文才能被准确地解密，如何平衡噪声阈值和效率是一个很有意思的课题。

目前，在工业界中基于同态加密提供云上数据的隐私保护已经有一些尝试。2020 年 6 月，Google 宣布将其全同态加密工具开源，并提供云上同态加密的转译器技术，让开发人员可在云存储的加密资料上直接进行运算。2020 年 12 月，IBM 宣布推出了一项基于全同态加密的云上新服务，新的 IBM Security 同态加密服务以 IBM Research 和 IBM Z 研究开发的底层技术和工具为基础，在 IBM Cloud 提供了一个可扩展的托管环境，同时还提供了诸多咨询和托管服务，帮助客户了解和设计充分利用 FHE 的云上全同态加密解决方案。

第3章 传统半同态加密算法

半同态加密仅支持密文之间的加法或者乘法,有多个传统的加密算法都具有半同态性,如 RSA、ElGamal 和 Rabin 等。本章将对这三种半同态加密算法进行介绍,为后续的全同态加密算法奠定基础。

3.1 RSA 加密算法

1977 年 Ron Rivest、Adi Shamir 和 Len Adleman 提出 RSA 算法并于次年发表,作为最早提出的满足公钥算法定义的经典算法之一,RSA 算法自诞生以来就被广泛采纳和实现,至今依然作为通用公钥算法广泛应用在各个领域。RSA 算法的可靠性依赖于大整数因式分解问题,如果能够找到快速分解大整数的算法,RSA 算法加密的信息将不再可靠。出于安全性的考虑,NIST 建议的 RSA 密钥长度至少为 2048 比特。在介绍 RSA 加密算法之前,先介绍一下算法涉及的整数模运算和大整数质因数分解问题,然后给出 RSA 算法的描述、实例及同态性。

3.1.1 整数模运算

定义整数 a 除以整数 n 所得的余数 r 为 a 模 n,记作 $a \bmod n$,整数 n 称为模数。因此,对于任意的整数 a 和 n,可以写成如下的关系:

$$a = q \cdot n + r = q \cdot n + (a \bmod n)$$

如果存在整数 a 和整数 b 满足 $(a \bmod n) = (b \bmod n)$,则称 a 和 b 是模 n 同余的,可以表示为 $a \equiv b \pmod{n}$。模 n 操作将整数全体映射到了 $\{0,1,\cdots,n-1\}$ 上,同样的整数的算数运算也被限制在了这个集合上,在 $\{0,1,\cdots,n-1\}$ 集合上的算术运算称为模算术运算。模算术对加法、减法和乘法具有相容性:

$$[(a \bmod n) + (b \bmod n)] \equiv (a+b)(\bmod n)$$

$$[(a \bmod n) - (b \bmod n)] \equiv (a-b)(\bmod n)$$

$$\left[(a \bmod n) \times (b \bmod n)\right] \equiv (a \times b)(\bmod n)$$

由于幂运算可以等价表示为若干的乘运算和加运算，因此模算术对幂运算同样具有相容性：

$$(a \bmod n)^b \equiv a^b (\bmod n)$$

与常规的整数加法运算一样，模运算中对应于每个整数存在着加法的逆元，或称为模运算下的负数。在模运算下，整数 a 的加法逆元 b 满足 $(a+b) \bmod n = 0$，如 $(3+6) \bmod 9 = 0$，其中 6 是 3 的模 9 加法逆元。同样对于乘法，每个整数都有其乘法逆元，整数 a 的乘法逆元 b 满足 $(a \times b) \bmod n = 1$，如 $(3 \times 5) \bmod 7 = 1$，5 是 3 的模 7 乘法逆元。

定义比 n 小的非负整数集合为 Z_n：

$$Z_n = \{0, 1, \cdots, n-1\}$$

称为剩余类集，或模 n 的剩余类。Z_n 中的任意一个整数 r 都代表了模 n 的一个剩余类 $[r]$：

$$[r] = \{a : a \in Z, a \equiv r(\bmod n)\}$$

在剩余类集合的全体整数中，通常用最小的非负元素代表这个剩余类，在 Z_n 中的模运算满足表 3-1 的性质。但是对于乘法逆元的存在性必须满足附加条件：a 与 n 互素。同样只有 a 与 n 互素的条件下，下面的命题才成立：

若 $(a \times b) \equiv (a \times c)(\bmod n)$，则 $b \equiv c(\bmod n)$。

表 3-1 Z_n 中整数模运算的性质

性质	表达式
交换律	$(a+b) \bmod n = (b+a) \bmod n$，$(a \times b) \bmod n = (b \times a) \bmod n$
结合律	$[(a+b)+c] \bmod n = [a+(b+c)] \bmod n$，$[(a \times b) \times c] \bmod n = [a \times (b \times c)] \bmod n$
分配律	$[a \times (b+c)] \bmod n = [(a \times b)+(a \times c)] \bmod n$
单位元	$(0+a) \bmod n = a \bmod n$，$(1 \times a) \bmod n = a \bmod n$
加法逆元	$\forall a \in Z_n, \exists d, a+d \equiv 0 \bmod n$

对于任意的 n，如果 a 和 n 不互素，那么用 a 遍历地乘 Z_n 中的元素将不会产生一个完整的剩余类集合。同样也只有当 a 和 n 互素时 a 才拥有模 n 的乘法逆元。

RSA 方案的构造依赖于欧拉函数与欧拉定理。欧拉函数 $\phi(n)$ 指的是小于 n 且和 n 互素的正整数的个数。例如，计算 $\phi(13)$ 的值，列出所有小于 13 且与 13 互素的正整数：

$$1, 2, 3, 4, 5, 6, 7, 8, 9, 10, 11, 12$$

一共有 12 个，因此 $\phi(13) = 12$。

同样计算 $\phi(15)$ 的值，列出所有小于 15 且与 15 互素的正整数：

$$1, 2, 4, 7, 8, 11, 13, 14$$

一共有 8 个，因此 $\phi(15) = 8$。

显然对于任意的素数 p，有：

$$\phi(p)=p-1$$

同时欧拉函数有一个非常良好的性质，即对于任意的 $n=p\times q$，有：

$$\phi(n)=\phi(p)\times\phi(q)$$

对于 $\phi(15)$ 的计算，可以更方便地转化为 $\phi(3)\times\phi(5)=2\times4=8$。

欧拉定理定义对任意互素的 a 和 n，有：

$$a^{\phi(n)}\equiv1(\bmod\ n)$$

欧拉定理在 n 是素数时就是费马定理。

3.1.2 大整数质因数分解问题

在数论中，整数分解是将复合数分解为较小整数的乘积。如果将这些因子进一步限制为素数，则该过程称为素因子分解。当数足够大时，目前仍没有有效的非量子整数分解算法，也尚未证明不存在有效的算法。在 2019 年，Fabrice 等人用了大约 900 核年（Core Year）的计算能力分解了一个 240 位数字（RSA-240）。据估计，1024 位 RSA 模数将花费大约 500 倍的时间。该问题的假定难度是诸如 RSA 之类的密码学中广泛使用的算法的核心。数学和计算机科学的许多领域都涉及这个问题，包括椭圆曲线、代数数论和量子计算。图 3-1 为数 864 的素因子分解，分解结果为：$864=2^5\times3^3$。

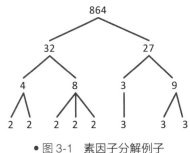

●图 3-1 素因子分解例子

并非所有给定长度的数字都难以计算其整数分解问题。对于当前已知的技术而言，整数分解问题最困难的情况是半素数，即两个素数的乘积。当它们都是随机选择的大素数，并且大小大致相同时，即使是速度最快的素数分解算法也不能快速求解。最快的计算机可能需要足够的时间才能实现暴力搜索。也就是说，随着素数位数的增加，在任何计算机上执行因式分解所需的操作数量都急剧增加。

目前没有算法可以在多项式时间内快速分解所有整数，也就是说，对于某个常数 k，可以在时间复杂度 $O(b^k)$ 下分解 b 位数字 n。对于线性时间算法，既没有证明这种算法的存在也没有证明这种算法不存在，但是目前普遍怀疑这类算法不存在，因此问题不在 P 类中。而素因子分解问题显然在 NP 类中，但是通常认为它不是 NP 完备的，尽管这一猜想目前尚未被证明真伪。

对于当前的计算机，GNFS 是针对大于 400 位的 n 的最佳已知素因子分解算法，其复杂度为：

$$\exp\left(\left(\sqrt[3]{64/9}+o(1)\right)(\ln n)^{1/3}(\ln\ln n)^{2/3}\right)$$

然而，对于一台量子计算机，Shor 在 1994 年提出的一种算法，可以在多项式时间内求解该问题。如果量子计算变得可实用，这个算法将对密码学产生重大影响。Shor 的算法仅在 b 位数字输入上占用 $O(b^3)$ 时间复杂度和 $O(b)$ 空间复杂度。2001 年，通过使用 NMR 技术对可提供 7 个量子位的量子计算机的研究，首次在量子计算机上实现了 Shor 的算法。

3.1.3 算法描述与实例

RSA 加密算法由密钥生成、加密和解密三个部分组成，算法各个阶段的步骤如下。

密钥生成阶段算法的步骤如下。

1）随机选择两个素数 p 和 q。

2）计算 $n=pq$。

3）计算 $\phi(n)=(p-1)(q-1)$。

4）随机选取 $e<\phi(n)$，且满足 e 与 $\phi(n)$ 互素。

5）计算 $d=e^{-1}\mod\phi(n)$。

加密阶段算法的步骤如下。

1）对明文进行分组，得到明文分组 $M<n$。

2）计算密文 $C=M^e\mod n$。

解密阶段算法的步骤如下。

1）计算明文 $M=C^d\mod n$。

2）将明文分组重新组合得到完整明文。

由此得到 RSA 算法的公钥为 $pk=\{e,n\}$，对应私钥为 $sk=\{d,n\}$，接收方对外公开自己的公钥 pk 但保留自己的私钥 sk，发送方使用接收方的公钥对明文消息进行加密，接收方收到密文消息后使用自己的私钥解密。

讨论 RSA 算法的正确性，即是要证明：

$$M^{ed}\mod n=M$$

根据 M 和 n 是否互素，分别进行证明。

当 M 和 n 互素时，根据欧拉定理，有 $M^{\phi(n)}\mod n=1$，因此上述关系等价于：

$$ed\mod\phi(n)=1$$

而根据密钥生成阶段 $e^{-1}\equiv d(\mod n)$，同时由于 e 和 n 互素，根据模运算的性质，e 的

乘法逆元 d 存在，因此上述关系成立，进而当 M 和 n 互素时 RSA 算法的正确性得以证明。

当 M 和 n 不互素时，由于 $n=pq$，$M=ap$ 或 $M=aq$，假设 $M=ap$。

$$M^{ed} \bmod q = a\,p^{ed} \bmod q$$
$$= a\,p^{k\phi(n)+1} \bmod q$$
$$= a\,p^{k(p-1)(q-1)+1} \bmod q$$
$$= ap\,(a\,p^{q-1} \bmod q)^{k(p-1)} \bmod q$$
$$= ap \bmod q$$

由于 $a\,p^{ed} \bmod q = ap \bmod q$ 且 $a\,p^{ed} \bmod p = 0$，因此 $a\,p^{ed} = ap+rpq = ap+rn$，此时：

$$a\,p^{ed} \bmod n \equiv ap+rn \bmod n \equiv ap \bmod n$$

上式等价于 $M^{ed} \bmod n = M$，进而当 M 和 n 不互素时 RSA 算法的正确性得以证明。

完整的 RSA 算法流程的一个简单实例如下所述。

密钥生成阶段算法的步骤如下。

1）随机选择两个素数 $p=13$ 和 $q=17$。

2）计算 $n=pq=221$。

3）计算 $\phi(n)=(p-1)(q-1)=192$。

4）随机选取 $e=7<\phi(n)$，且满足 e 与 $\phi(n)$ 互素。

5）计算 $d=e^{-1} \bmod \phi(n)=55$。

得到公钥 $pk=\{7,221\}$，私钥 $sk=\{55,221\}$。以明文 $M=22$ 为例，加密时需要计算 $C=22^7 \bmod 221=61$，解密时计算 $M=61^{55} \bmod 221=22$ 重新解密得到原始明文。

3.1.4　RSA 算法乘法同态性

RSA 算法是一种具有乘法同态性质的加密算法，对于任意的明文 m_1 和 m_2，使用同一个 RSA 公钥 pk 加密得到的密文 $\mathrm{Enc}_{pk}(m_1),\mathrm{Enc}_{pk}(m_2)$，有如下的乘法同态性质：

$$\mathrm{Enc}_{pk}(m_1)\,\mathrm{Enc}_{pk}(m_2) = m_1^e m_2^e \bmod n = (m_1 m_2)^e \bmod n = \mathrm{Enc}_{pk}(m_1 m_2)$$

密文下的运算结果与两个明文相乘后的加密结果相同，所以称为乘法同态。根据模运算的性质，幂运算的运算法则可以直接平移到模算术中，因此整数幂运算对底数的乘法同态性保证了 RSA 算法的密文乘法同态性质。但是由于幂运算对底数不满足加法同态性，因此 RSA 算法不具有加法同态性，是一种常见的半同态加密算法。由于常见的 RSA 指的是 RSA 分组加密算法，对于明文长度不满分组长度的明文需要填 0 进行补充。而 RSA 算法的乘法同态性只对在加密阶段无需填充的明文有效。

RSA 加密算法的乘法同态性在一定程度上也削弱了加密方案的安全性。针对 RSA 加密算法的选择密文攻击便是利用了算法的乘法同态性。假设攻击者可以获得挑选的密文对应的明文，那么对于给定的密文 C，可以通过如下步骤求出相应的明文 M。

1）选择任意 X，满足 X 与 n 互素。

2）计算 $Y = C X^e \bmod n$。

3）由于具有选择密文攻击的能力，获得 Y 的解密结果 $Z = Y^d \bmod n$。

4）$Z = C^d X = MX \bmod n$，通过乘法逆元计算得到 M。

3.2　Rabin 加密算法

Rabin 算法是一种非对称密码算法，其安全性类似于 RSA 的安全性，与整数分解的难度有关。Rabin 密码系统的优点是，只要攻击者无法有效因式分解整数，数学上就能证明它对选择明文攻击具有计算安全性，而 RSA 尚无此类证明。但是 Rabin 函数的缺点是每个输出可以由四个可能的输入中的任何一个生成，如果每个输出都是密文，则解密时需要额外的复杂性，以识别四个可能输入中的哪一个是真正的明文。

3.2.1　算法描述与实例

Rabin 算法由 Michael O. Rabin 于 1979 年 1 月发布。Rabin 密码系统是第一个可以证明从密文中恢复明文与分解一样困难的非对称密码系统。与所有非对称密码系统一样，Rabin 系统使用密钥对：用于加密的公共密钥和用于解密的私有密钥。公开密钥公开给任何人使用，而私有密钥仅对消息的接收者持有。Rabin 算法与 RSA 算法的安全性同是基于大整数因式分解问题，不同于 RSA 算法，目前已经证明破解 Rabin 密码系统的难度至少和大整数因式分解问题是一样难的。换句话说，如果有算法能有效破解经过 Rabin 算法加密的密文，那么就可以根据该算法构造一个求解大整数因式分解的有效算法。

算法分为密钥生成、加密、解密三个部分。

在**密钥生成阶段**算法的步骤如下。

1）选择两个大素数 p，q，使得 $p \equiv q \equiv 3 \bmod 4$ 且 $p \neq q$。

2）计算 $n = pq$。

以 n 作为公钥，(p,q) 作为私钥。

在**加密阶段**，加密者通过公钥计算 $c = m^2 \bmod n$ 得到密文 c。

在**解密阶段**，私钥持有者通过以下步骤计算得到明文。

1）计算 c 模 p，q 的平方根：

$$m_p = c^{\frac{1}{4}(p+1)} \bmod p$$

$$m_q = c^{\frac{1}{4}(q+1)} \bmod q$$

2）通过拓展欧几里得算法得到 y_p 和 y_q，使得 $y_p \cdot p + y_q \cdot q = 1$。

3）使用中国剩余定理求出 c 的四个平方根：

$$r_1 = (y_p \cdot p \cdot m_q + y_q \cdot q \cdot m_p) \bmod n$$

$$r_2 = n - r_1$$

$$r_3 = (y_p \cdot p \cdot m_q - y_q \cdot q \cdot m_p) \bmod n$$

$$r_4 = n - r_3$$

四个解密结果中有一个是原始的明文 m，但具体是哪一个还需要根据其他辅助信息才能确定。

以 $p=7$，$q=11$，$n=77$，$m=20$ 为例，加密时密文 $c = r_1 = m^2 \bmod n = 400 \bmod 77 = 55$。接收方在解密时执行如下操作。

1）计算 c 模 p，q 的平方根：

$$m_p = c^{\frac{1}{4}(p+1)} \bmod p = 1$$

$$m_q = c^{\frac{1}{4}(q+1)} \bmod q = 9$$

2）通过拓展欧几里得算法得到 $y_p = -3$ 和 $y_q = 2$，使得 $y_p \cdot p + y_q \cdot q = (-3) \cdot 7 + 2 \cdot 11 = 1$。

3）使用中国剩余定理求出 c 的四个平方根：

$$r_1 = (y_p \cdot p \cdot m_q + y_q \cdot q \cdot m_p) \bmod n = (-3 \cdot 7 \cdot 9 + 2 \cdot 11 \cdot 1) \bmod 77 = 64$$

$$r_2 = n - r_1 = 77 - 64 = 13$$

$$r_3 = (y_p \cdot p \cdot m_q - y_q \cdot q \cdot m_p) \bmod n = (-3 \cdot 7 \cdot 9 - 2 \cdot 11 \cdot 1) \bmod 77 = 20$$

$$r_4 = n - r_3 = 77 - 20 = 55$$

可以发现 r_3 便是加密前的明文。

3.2.2　Rabin 算法乘法同态性

Rabin 算法的加密算法与 RSA 算法十分相似，可以看作是 RSA 加密算法的特殊情况，在 $e=2$ 的情况下，RSA 加密算法与 Rabin 加密算法的加密结果等价。因此，与 RSA 加密算法类似，Rabin 算法对密文乘法也具有同态性。对于任意的明文 m_1 和 m_2，使用同一个 Rabin 算法公钥 pk 加密得到的密文 $\text{Enc}_{pk}(m_1)$，$\text{Enc}_{pk}(m_2)$，有如下的乘法同态性质：

$$\text{Enc}_{pk}(m_1) \times \text{Enc}_{pk}(m_2) = m_1^2 \times m_2^2 \bmod n = (m_1 \times m_2)^2 \bmod n = \text{Enc}_{pk}(m_1 \times m_2)$$

但是由于 Rabin 密码体系的解密算法并不是单射，解密结果会出现四个可能的值，因此对于同态加法运算的结果也出现了多种可能性，对解密方而言，多个解密结果带来的不确定性降低了运算的可行度和运算效率。这也是 Rabin 算法在半同态加密领域应用不广的重要原因。

3.3 ElGamal 加密算法

ElGamal 加密算法是一种较为常见的公钥加密算法,基于 1985 年提出的公钥密码体制和椭圆曲线加密体系,目前在加密通信和数字签名方面均有着广泛的应用。在实际的使用场景中,ElGamal 加密算法往往和对称加密算法共同使用,称为混合加密系统。首先使用 ElGamal 加密算法传递密钥,而后使用对称加密算法进行消息的加解密。这样的混合使用方式既解决了对称加密密钥难以安全传递的问题,又避免了公钥加密体系下效率低下的情况。

3.3.1 离散对数问题

离散对数是一种基于同余运算和原根的一种对数运算。在实数中的一般对数定义为 $x = \log_b a$,含义是对于给定的 a,b,求出一个数 x,使得 $b^x = a$。相似地,在其他任何群 G 中可以定义离散对数 $k = \log_b a$ 使得 $b^k = a$ 的整数 k,其中 b^k 执行的是群 G 上的幂运算。离散对数在某些特殊情况下可以快速计算,但是一般而言没有具有非常高效率的方法来计算离散对数。在精心选择或是构造的群中,并不存在有效求解离散对数的算法,因此公钥密码学中的几个重要算法,如 ElGamal 公钥加密算法,是以离散对数的求解困难性保障算法的安全性的。

简单以 Z_p 上的离散对数为例,首先定义素数 p 的本原根:素数 p 的本原根是 Z_p 中的一个元素,其幂可以遍历 Z_p 中的所有元素。若 g 是素数 p 的一个本原根,那么:

$$\{g^1, g^2, \cdots, g^{p-1}\} \bmod p$$

集合与 $\{0, 1, \cdots, p-1\}$ 完全等价。

对任意整数 b 和素数 p 的本原根 g,有唯一的幂 i 使得

$$g^i \equiv b \bmod p$$

称该指数 i 是以 g 为底的 b 的模 p 离散对数,记为 $\mathrm{dlog}_{g,p}(b)$。给出模 11 的离散对数表,见表 3-2。

表 3-2 模 11 离散对数表

以 2 为底,模为 11 的离散对数表									
b	1	2	3	4	5	6	7	8	9	10
$\mathrm{dlog}_{2,11}(b)$	0	1	8	2	4	9	7	3	6	5

20 以内的模 n 原根表见表 3-3。

表 3-3 20 以内的模 n 原根表

n	模 n 的原根
1	0
2	1
3	2
4	3
5	2, 3
6	5
7	3, 5
8	3, 5, 7
9	2, 5
10	3, 7
11	2, 6, 7, 8
12	无
13	2, 6, 7, 11
14	3, 5
15	无
16	无
17	3, 5, 6, 7, 10, 11, 12, 14
18	5, 11
19	2, 3, 10, 13, 14, 15
20	无

并非所有的正整数都是有本原根的，事实上，只有形如 2, 4, p^{α}, $p^{2\alpha}$ 的整数才有本原根，其中 p 是任意奇素数，α 是正整数。

假设：

$$x = a^{\mathrm{dlog}_{a,p}(x)} \bmod p, y = a^{\mathrm{dlog}_{a,p}(y)} \bmod p$$

$$xy = a^{\mathrm{dlog}_{a,p}(xy)} \bmod p$$

根据模运算乘法的性质有：

$$xy \bmod p = (x \bmod p)(y \bmod p) \bmod p$$

$$a^{\mathrm{dlog}_{a,p}(xy)} \bmod p = (a^{\mathrm{dlog}_{a,p}(x)} \bmod p)(a^{\mathrm{dlog}_{a,p}(y)} \bmod p) \bmod p = a^{\mathrm{dlog}_{a,p}(y)} \bmod p$$

根据欧拉定理，任意互素的 a 和 n，满足：

$$a^{\phi(n)} \equiv 1 (\bmod\ n)$$

带入前式得到：

$$\mathrm{dlog}_{a,p}(xy) = [\mathrm{dlog}_{a,p}(x) + \mathrm{dlog}_{a,p}(y)] \bmod \phi(n)$$

这表明离散对数问题和普通实数对数的相似性，两者都有同底数幂相乘、底数不变、指数相加的性质。

考虑方程：

$$y = g^x \bmod n$$

对于给定的 g，x，n，可以通过快速幂算法很快求出 y。但是给定 y，g，n，计算 x 一般非常困难，离散对数问题的求解难度与 RSA 算法基于大数因子分解难度数量级相同。已知的最快求解模数为素数的离散对数算法的复杂度为：

$$e^{\ln p^{1/3}(\ln(\ln p)^{2/3})}$$

对现有的计算机运算能力而言，这样的算法复杂度在实际求解大素数模下离散对数问题是不可行的。

3.3.2 算法描述与实例

1984 年，T. ElGamal 提出了一种基于离散对数问题的公钥密码算法，该算法的思路与 Diffie-Hellman 密钥交换算法十分相似。现行的许多密码学系统，如 GnuPG、PGP 等，都应用到了 ElGamal 算法。此外 ElGamal 密码算法也应用于一些现行的标准中，如数字签名标准(DSS)和电子邮件标准。ElGamal 加密算法可以定义在任何的循环群上，它的安全性取决于所依赖循环群的离散对数问题，离散对数问题将在后续给出描述。

Diffie 和 Hellman 首次提出了公钥算法的概念，也在同一篇论文中给出了一种密钥交换的算法，这种算法被称为 Diffie-Hellman 密钥交换算法。这一算法使得两个用户可以安全地交换密钥，以便在后续的通信中使用该密钥进行加解密。Diffie-Hellman 密钥交换算法的安全性也是建立在离散对数问题的求解十分困难这一基础上。

ElGamal 加密算法由密钥生成、加密和解密三个部分组成，以下描述各个阶段算法的步骤。

密钥生成阶段主要是选择一个素数 q，其中有 α 作为 q 的一个原根。公私钥对如下。

1）随机生成整数 X_A，使得 $X_A \in (1, q-1)$，计算 $Y_A = \alpha^{X_A} \bmod q$。

2）私钥为 X_A，公钥为 $\{q, \alpha, Y_A\}$

加密阶段的步骤如下。

1）随机选择整数 k，满足 $k \in [1, q-1]$。

2）计算一次性密钥 $K = (Y_A)^k \bmod q$，对 M 加密得到密文对 (C_1, C_2)。

$$C_1 = \alpha^k \bmod q, \quad C_2 = KM \bmod q$$

解密阶段的步骤如下。

1）计算 $K = (C_1)^{X_A} \bmod q$，得到一次性密钥。

2）计算 $M = (C_2 K^{-1}) \bmod q$。

接下来具体解释 ElGamal 算法的加解密原理。首先阐述解密过程中一次性密钥恢复的正确性：

$$K = (Y_A)^k \bmod q \qquad \text{加密过程定义}$$

$$K = (\alpha^{Y_A} \bmod q)^k \bmod q \qquad Y_A = \alpha^{X_A} \bmod q$$

$$K = \alpha^{k X_A} \bmod q \qquad \text{同余定理}$$

$$K = (C_1)^{X_A} \bmod q \qquad C_1 = \alpha^k \bmod q$$

使用正确的一次性密钥 K 对密文进行解密：

$$C_2 = KM \bmod q$$

$$(C_2 K^{-1}) \bmod q = KM\, K^{-1} \bmod q = M \bmod q$$

使用一个具体的例子对 ElGamal 算法过程进行说明，对于素数域 $GF(19)$，原根有 $\{2,3,10,13,14,15\}$，选择 $\alpha = 10$。

1）Alice 选择 $X_A = 5$。

2）计算 $Y_A = \alpha^{X_A} \bmod q = 10^5 \bmod 19 = 3$。

3）Alice 的私钥为 5，公钥为 $\{q,\alpha,Y_A\} = \{19,10,3\}$。

假设 Bob 想发送明文消息 $M = 17$。

1）Bob 选择 $k = 6$。

2）计算 $K = (Y_A)^k \bmod q = 3^6 \bmod 19 = 7$。

3）计算

$$C_1 = \alpha^k \bmod q = 10^6 \bmod 19 = 11$$

$$C_2 = KM \bmod q = 7 \times 17 \bmod 19 = 5$$

4）Bob 发送密文 $(11,5)$。

Alice 解密密文消息。

1）计算 $K = (C_1)^{X_A} = 11^5 \bmod 19 = 7$。

2）计算 $K^{-1} \bmod q = 11$。

3）最终得到 $M = (C_2 K^{-1}) \bmod q = 5 \times 11 \bmod 19 = 17$。

ElGamal 算法的安全性是基于计算离散对数的困难性的。为了恢复 Alice 的私钥，攻击者将会计算 $X_A = \mathrm{dlog}_{\alpha,q}(Y_A)$。或者为了恢复出一次性密钥 K，攻击者将会随机选择 k，然后计算离散对数 $k = \mathrm{dlog}_{\alpha,q}(C_1)$。当 $p \geq 300$，$q-1$ 至少有一个大的素因子时，这种算法是不可行的。

3.3.3　ElGamal 算法加法同态性

由于 ElGamal 加密算法中的运算都为模算术中的幂运算，根据模算术中幂运算的性质，可以发现 ElGamal 中潜在的加法同态的特性。

假如有两条明文消息 $M_1 = \alpha^{m_1}$，$M_2 = \alpha^{m_2}$ 和对应的密文 $\mathrm{Enc}_{pk}(M_1)$，$\mathrm{Enc}_{pk}(M_2)$：

$$\mathrm{Enc}_{pk}(M_1) = (\alpha_1^{k_1}, Y_A^{k_1} \cdot \alpha^{m_1})$$

$$\mathrm{Enc}_{pk}(M_2) = (\alpha_2^{k_2}, Y_A^{k_2} \cdot \alpha^{m_2})$$

各自相乘得到：

$$\mathrm{Enc}_{pk}(M_1) \cdot \mathrm{Enc}_{pk}(M_2) = (\alpha_1^{k_1} \cdot \alpha_2^{k_2}, Y_A^{k_1} \cdot \alpha^{m_1} \cdot Y_A^{k_2} \cdot \alpha^{m_2}) = (\alpha^{k_1+k_2}, Y_A^{k_1+k_2} \cdot \alpha^{m_1+m_2})$$

得到的密文结果恰好是 $m_1 + m_2$ 在私钥为 $k_1 + k_2$ 下的加密结果，由此得到了对两条 ElGamal 加密算法密文同态加的结果。相比于一般的半同态加密算法，ElGamal 算法支持的同态加运算是基于加密算法输入中明文的离散对数值的相加，和一般提到的加法同态仍有一定的区别。一般而言的加法同态加密算法实现的是对明文消息 M_1，M_2 的密文下的同态运算，而不是 m_1，m_2 的消息离散对数值的加法同态。

3.4　Paillier 加密算法

Paillier 加密系统是 1999 年 Paillier 发明的概率公钥加密系统。该加密算法是一种同态加密，满足加法和数乘同态，且已经广泛应用在加密信号处理或第三方数据处理领域。

在联邦学习中，因为只需要对中间结果进行模型聚合，因此一般使用半同态加密算法（通常为加同态加密算法），例如，在联邦学习框架 FATE 框架中所使用的同态加密算法即为 Paillier 加同态加密算法。

3.4.1　合数剩余假设问题

Paillier 方案满足加密方案的标准安全定义：语义安全，即在选择明文攻击下密文的不可区分性（IND-CPA）。方案的安全性可规约到判定合数剩余假设（Decisional Composite Residuosity Assumption，DCRA）问题上。即给定一个合数 n 和整数 z，判定 z 在 n^2 下 n 次剩余是否为困难。目前为止仍没有多项式时间的算法可以攻破该假设，因此 Paillier 加密方案的安全性被认为是可靠的。

定义　n 次剩余：一个整数 z 是 n^2 的一个 n 次剩余（n-th residue modulo n^2），如果存在一个整数 $y \in Z_{n^2}^*$，使得 $y^n = z \bmod n^2$。

判断某个整数 z 是否是 n^2 的 n 次剩余的问题记作 $CR[n]$。经过证明，$CR[n]$ 不存在多项式时间解法，且 $CR[n]$ 关于不同的 z 的难度是一样的。

根据 n 次剩余定义函数为

$$\varepsilon_g : z_n \times z_n^* \to z_{n^2}^*, (x, y) \to g^x y^n \bmod n^2，其中 g \in z_{n^2}^*$$

如果存在 y，满足 $\varepsilon_g(x,y)=\omega$ 的 x 的剩余类，则记为 $[[\omega]]_g$。把所有 g 的阶数（满足 $g^x \bmod n^2 = 1$ 的最小的正整数 x）是 n 的正整数倍的 g 的集合记作 B。

引理 1　如果 $g \in B$，则 ε_g 是个双射，即一一映射。

证明：

若存在 x_1，x_2，$g^{x_1}y_1^n = g^{x_2}y_2^n \bmod n^2$，那么有 $g^{x_1-x_2}(y_1/y_2)^n = 1 \bmod n^2$。

于是 $g^{\lambda(x_1-x_2)}(y_1/y_2)^n = 1 \bmod n^2$。

由于 $z_{n^2}^*$ 的性质，$(y_1/y_2)^n = 1 \bmod n^2$，因此 $g^{\lambda(x_1-x_2)} = 1 \bmod n^2$。

又因为 g 的阶数是 n 的正整数倍，λ 与 n 互素，所以 x_1-x_2 是 n 的倍数，故 $x_1=x_2$。

于是有 $(y_1/y_2)^n = 1 \bmod n^2$，显然 $y_1/y_2 = 1$，故有 $y_1 = y_2$。

引理 2　如果 $g \in B$，$\forall \omega_1$，$\omega_2 \in z_{n^2}^*$，$[[\omega_1\omega_2]]_g = [[\omega_1]]_g + [[\omega_2]]_g$。

证明：

记 $\omega_1 = g^{x_1}y_1^n$，$\omega_2 = g^{x_2}y_2^n$，$\omega_1\omega_2 = g^{x_3}y_3^n$，得到 $x_3 = x_1 + x_2$，$y_3 = y_1 y_2$。

这时可能出现 $x_3 \geqslant n$，$y_3 \geqslant n$ 的情况。

因此可以把 $g^{x_3}y_3^n$ 写成 $g^{x_3-n}(y_3 g)^n \bmod n^2 = g^{x_3-n}(y_3 g - kn)^n \bmod n^2$。

可见 $\omega_1 \to [[\omega]]_g$ 把群 $(Z_{n^2}^*, \times)$ 同态映射（Homomorphism）到了群 $(Z_n, +)$。

引理 3　$\forall \omega \in z_{n^2}^*$，$L(w^\lambda \bmod n^2) = \lambda[[\omega]]_{1+n} \bmod n$。

证明：

因为 $1+n \in B$，取 $\omega = (1+n)^a b^n \bmod n^2$，定义可知 $a = [[\omega]]_{1+n}$。

$$\omega^\lambda = (1+n)^{a\lambda} b^{n\lambda} = (1+n)^{a\lambda} = 1 + a\lambda n \bmod n^2$$

3.4.2　算法描述与实例

1999 年欧密会议中，Paillier 首次提出一个支持加法同态的公钥密码系统，并命名为 Paillier。2001 年，Damgard 等人将该方案简化，是当前 Paillier 方案的最优方案。作为最著名的半同态加密方案，Paillier 方案由于效率高、安全性证明完备等特点，在学术界和工业界有着相当广泛的应用，是隐私计算场景中最常用的部分同态加密方案之一。

算法分为密钥生成、加密、解密三个部分。

密钥生成阶段算法的步骤如下。

1）选择两个随机的大素数 p，q，计算 $n=p\times q$ 和 $\lambda = lcm(p-1,q-1)$，其中 $lcm(\ )$ 为最小公倍数（Least Common Multiple）。

2）选取随机数 $g \in \mathbb{Z}_{n^2}^*$，且满足 $\mu = (L(g^\lambda \bmod n^2))^{-1}$ 存在。其中 $L(x)$ 函数的定义为

$$L(x) = (x-1)/n$$

3）设置公钥为（n，g），私钥为（λ，μ）。

加密阶段算法的步骤如下。

1）选择明文 $m \in \mathbb{Z}_n$。

2）选择随机数 $0<r<n$，且 $r \in \mathbb{Z}_{n^2}^*$。

3）计算相应密文为 $c=g^m r^n \bmod n^2$。

解密阶段，私钥持有者通过计算 $m=L(c^\lambda \bmod n^2) \times \mu \bmod n = L(c^\lambda \bmod n^2)/L(g^\lambda \bmod n^2)$ 获得明文。

下面进行正确性分析。

因为 $(p-1)|\lambda$，$(q-1)|\lambda$。

所以 $\lambda = k_1(p-1) = k_2(q-1)$。

由费马小定理可得：$g^\lambda = g^{k_1(p-1)} \equiv 1 \bmod p$，$(g^\lambda - 1)|p$。

同理 $g^\lambda = g^{k_2(q-1)} \equiv 1 \bmod q$，$(g^\lambda - 1)|q$。

所以 $(g^\lambda - 1)|pq$，$g^\lambda \equiv 1 \bmod n$。

所以 $g^\lambda \bmod n^2 \equiv 1 \bmod n$。

即 $g^\lambda \bmod n^2 = n \times k_g + 1$，$k<n$。

所以 $L(g^\lambda \bmod n^2) = k_g$。

而且有：

$$1+kn \equiv 1+kn \bmod n^2$$

$$(1+kn)^2 \equiv 1+2kn+(kn)^2 \equiv 1+2kn \bmod n^2$$

$$(1+kn)^3 \equiv 1+3kn+3(kn)^2+(kn)^3 \equiv 1+3kn \bmod n^2$$

可以观察得：

$$(1+kn)^m \equiv knm+1 \bmod n^2$$

所以 $g^{m\lambda} = (1+k_g n)^m \equiv k_g nm+1 \bmod n^2$。

且 $r^{n\lambda} = (1+k_n)^n \equiv k_n n^2+1 = 1 \bmod n^2$。

有：$L(g^{m\lambda} r^{n\lambda} \bmod n^2) = L(k_n nm+1) = mk_g$。

而且 $L(g^\lambda \bmod n^2) = k_g$。

所以 $\dfrac{L(c^\lambda \bmod n^2)}{L(g^\lambda \bmod n^2)} = \dfrac{m\,k_g}{k_g} = m \bmod n$。

3.4.3　Paillier 算法加法同态性

通过 Paillier 加密算法加密的两个密文：

$$c_1 \equiv g^{m_1} r_1^n \bmod n^2$$

$$c_2 \equiv g^{m_2} r_2^n \bmod n^2$$

两个密文相乘可得到消息相加的结果：

$$c_1 \times c_2 \equiv g^{m_1} g^{m_2} r_1^n r_2^n \equiv g^{m_1 + m_2} (r_1 r_2)^2 \bmod n^2$$

其中，r_1 和 r_2 均为 $\mathbb{Z}_{n^2}^*$ 中的元素，并且具有相同的性质，因此 $c_1 \times c_2$ 可以看作是 $m = m_1 + m_2$ 的密文，且 $c_1 \times c_2$ 的解密结果为 m。需要注意的是，算法对加法或乘法同态性的定义取决于明文运算，而不取决于密文运算。例如，Paillier 加密算法中，密文 c_1 和 c_2 相乘，对应的明文 $m = m_1 + m_2$，该同态性为加法同态性。

第4章 全同态加密算法

本章给出了全同态加密（Fully Homomorphic Encryption，FHE）算法的详细定义，并解释了实现 FHE 的关键技术"电路自举"的细节。本章并没有给出首个 FHE 方案，即 2009年 Craig Gentry 发明的基于理想格的 FHE 方案，主要原因是这个方案很难理解，需要较强的代数背景知识，而后面出现的方案在理解难度、实现效率上均有大幅度改进。本章介绍了 BGV 和 DGHV 两个 FHE 方案，并给出了两个方案 Python 语言实现的核心代码，帮助读者进一步理解全同态加密的原理和实现。最后两个小节介绍了同态加密在大数据和区块链中的应用，为相关领域技术人员提供一些思路。

4.1 算法思想

全同态加密（FHE）支持对密文进行任意运算，运算结果解密后等于对明文进行相同运算的结果。这里"全同态"的"全"体现为算法所支持的密文运算门类"全"，不论是整数加减、各类数学运算，还是诸如数据挖掘、高清视频编解码之类的计算密集型运算，都可以通过全同态加密算法在密文上执行，这个优良特性使得全同态加密在云安全、密文检索、外包计算、安全多方计算等多种场景中有着广泛的应用前景。

一个完整的 FHE 方案包含密钥生成、加密、解密、密文运算四个算法，其中密文运算算法是实现同态性质的关键。全同态加密方案的形式化定义描述如下。

定义 4.1 一个**全同态加密方案**由四个算法组成，分别为：

- 密钥生成算法 KeyGen(λ) → (pk, sk)。随机算法，输入为安全参数 λ，输出一对密钥 pk 和 sk，前者为公钥，后者是对应的私钥。

- 加密算法 Encrypt(m, pk) → c。加密算法也是随机算法，输入参数中 m 是明文消息，pk 为加密公钥，输出密文 c。

- 解密算法 Decrypt(c, sk) → m。解密算法是确定性算法，输入密文 c 和私钥 sk，输出 m 是解密后所得明文。

- 密文运算算法 Eval(pk, C, c_1, c_2, $\cdots$, c_n) → c。随机算法，输入参数中 pk 是公钥，

C 是运算电路，c_1、c_2、$\cdots$、c_n 是密文列表。密文列表中所有密文均以 pk 为公钥加密所得，密文列表的长度（即 n）应等于电路 C 的输入线个数；该算法以 c_1、c_2、$\cdots$、c_n 为 C 的输入，执行 C 所定义的运算，并以 C 的输出 c 作为本算法的输出。

请注意，这里的电路 C 可以是算术电路，也可以是布尔电路。在 FHE 的定义中，并未对电路的类型进行限制，这也给不同 FHE 算法的实现提供了灵活性。

密钥生成算法的输入参数是安全参数 λ，安全参数在密码学算法和密码学方案的描述中常常出现，合理设置足够大的安全参数能够保证密码学算法的安全性。安全参数来源于计算复杂性理论，它是一个整数值，往往和密钥的长度相关联，也可能和算法的其他参数相关联。

可以注意到，四个算法中有三个是随机算法。随机算法是指在运行过程中引入随机性参数的算法，因此即使输入相同，该算法多次运行的输出结果也会不同。算法的随机性在防止恶意攻击者方面特别有用，尤其是如果攻击者能够多次使用选定的输入参数运行算法，并具有通过观察输出来反推解密的能力。关于随机性算法的进一步介绍，请参考相关图书资料。

和一般的加密方案相比，同态加密方案多了密文运算算法 Eval，该算法的输入参数包括三部分：公钥、电路、密文列表。其中，电路 C 可以表示任意的算法电路。如 2.2 节所述，电路可以用来描述任意的计算机算法，因此全同态加密方案支持对任意算法的同态密文运算。密文列表 c_1、c_2、$\cdots$、c_n 作为 Eval 算法执行过程中电路 C 的输入，必须和 C 的输入线相匹配，列表中所有密文应可编码为 C 的输入。不失一般性，假设 c_1、c_2、$\cdots$、c_n 中每一个密文可以表示为一个输入线元素，那么 C 的输入线个数应等于 n，要使加密的同态性成立，Eval 的结果必须能够正确解密，否则不能叫作"全同态"加密方案。

定义 4.2 Eval 算法的正确性是指 Eval 的运算结果能够正确解密，即假设 (pk, sk) 是由 KeyGen(λ) 生成的一对密钥，并且对于 $i = 1$, 2, $\cdots$, n，有 $c_i = \mathrm{Encrypt}(m_i, pk)$ 时，下式成立：

$$\mathrm{Decrypt}(\mathrm{Eval}(pk, C, c_1, c_2, \cdots, c_n), sk) = C(m_1, m_2, \cdots, m_n)$$

上述正确性定义要求使用 Eval 对电路 C 密文运算所得密文进行解密，等于对明文直接进行电路 C 运算的结果。构造全同态加密方案涉及多种技巧，这里以第一个全同态加密算法为例，介绍全同态加密方案设计过程中所使用的技术。

4.1.1 电路自举

全同态加密中的"自举（Bootstrap）技术"本质是对 FHE 密文进行同态解密运算，即执行参数电路 C 为解密电路 Decrypt 的 Eval 算法。粗看起来，自举运算的输入是密文，输出也是密文，二者似乎没有太大的分别。要理解 FHE 中为什么要使用自举技术，就必须先了解同态加密方案的局限性。

在"自举技术"出现之前，许多部分同态加密（SWHE）方案在加密和密文运算过程中会引入"噪声"，噪声值是用于掩盖明文信息的随机值，在密文上运算次数越多噪声值越大；而解密运算相当于将密文还原为明文，解密过程中会消除噪声。表面上看起来，噪声值越大对明文信息的掩盖效果越好，但是一旦噪声值超过一定的限度会导致无法正确地将密文还原为明文，也就是说，此时解密算法会失效。因此噪声值的大小应该保持在适度的范围内，既要足够大以有效实现信息掩盖，又要足够小以免解密失效。

举例来说，假设明文 $m_1 = 100$、$m_2 = 160$，它经过加密以后得到的密文分别是 $c_1 = 100 + 9 = 109$、$c_2 = 160 + 17 = 177$。其中 9 和 17 分别是噪声值，对两个密文进行加法和乘法运算观察噪声值的放大效应如下：

$$c_1 + c_2 = 109 + 177 = 286 = (m_1 + m_2) + 26$$
$$c_1 \cdot c_2 = 109 \cdot 177 = 19293 = (m_1 \cdot m_2) + 3293$$

经过加法，噪声值放大至 26；经过乘法，噪声值放大至 3293。可以想象噪声值是随运算次数增加而单向逐渐增大的。

显然，刚刚经过加密运算得到的"新鲜"密文中的噪声值是最小的，比经过多次 Eval 运算的"旧"密文中的噪声值要小得多。自举的目的就是将一个"旧"密文转变为一个"新鲜"密文，从而起到降低密文中噪声值的作用。读者可以将"自举"理解为先解密恢复明文（此时噪声值为 0），再重新加密；但是解密过程暴露了明文，也不符合同态性的要求，而"同态"解密完美地解决了这个问题。

自举的效果如图 4-1 所示。

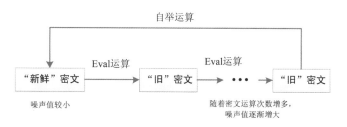

● 图 4-1　自举运算效果示意图

在自举过程中会呈现双重加密的状态，即明文数据被先后加密两次：第一次加密（称为"内层加密"）的结果作为明文输入加密算法进行第二次加密（称为"外层加密"）。双重加密的密文要恢复明文需要相应地解密两次。自举的过程实际上是在双重加密状态下解内层加密且保留外层加密的过程，如图 4-2 所示。

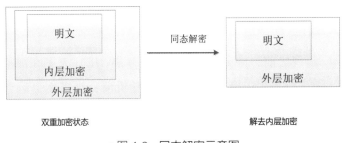

● 图 4-2　同态解密示意图

1. 自举运算的简单使用

为了让读者进一步理解"自举技术"的使用方法，举一个例子来实现密文的加密公钥替换。为简单起见，假设明文空间为 $P=\{0,1\}$，也就是说明文只有一个比特，此时算法中所涉及的电路均为布尔电路。假设明文 $m \in P$ 使用公钥 pk_1 加密得到的密文为 c_1，pk_1 对应的解密私钥是 sk_1；(pk_2,sk_2) 是另外一对公私密钥对。算法伪代码描述如下：

```
1   Recrypt(pk₂,Decrypt,sk₁,c₁)
2   {
3       将 sk₁分解为比特序列 sk₁₁、sk₁₂、…sk₁ₙ；(不失一般性,假设 sk₁为 n 比特)
4       for(i=1; i<=n; i++)
5       {
6         sk'₁ᵢ←Encrypt(sk₁ᵢ,pk₂);
7       }
8       将 c₁分解为比特序列 c₁₁、c₁₂、…c₁₁；(不失一般性,假设 c₁为 l 比特)
9       for(i=1; i<=l; i++)
10      {
11        c'₁ᵢ←Encrypt(c₁ᵢ,pk₂);
12      }
13      c₂←Eval (pk₂,Decrypt,<sk'₁ᵢ>,<c'₁ᵢ>);
14      return(c₂);
15  }
```

Recrypt 算法的功能是将密文 c_1 转变为密文 c_2，二者是同一个明文分别使用公钥 pk_1 和 pk_2 加密所得。c_1 和 c_2 分别使用 sk_1 和 sk_2 解密得到相同明文。

第 3 行和第 8 行分别将 sk_1 和 c_1 分解为比特序列，由于 Decrypt 是布尔电路，因此其输入只能是比特序列；第 4~7 行将 sk_1 分解所得的比特序列逐一使用 pk_2 加密，第 9~12 行将 sk_1 分解所得的比特序列逐一使用 pk_2 加密，这样得到的两个序列 $<sk'_{1i}>$ 和 $<c'_{1i}>$ 都是使用 pk_2 加密所得的密文，这些密文可以作为 Eval 算法执行同态解密运算的输入。

注意到在第 9~12 行所描述的循环中，密文处于双重加密之中：明文 m 首先被密钥 pk_1 加密得到 c_1；进一步地，c_1 逐比特地被密钥 pk_2 加密。在第 13 行中使用 Eval 算法同态解密操作移除了"内层"加密（即使用密钥 pk_1 的加密），在这个过程中实际上也消除了由密钥 pk_1 加密带来的噪声值。

当然，这里的目标绝不是加密公钥替换，而是对于任意电路的同态加密。将一个电路拆解至最细粒度可以拆为单个电路门。为实现整个电路的同态加密，可以先从单个电路门的同态运算开始。

2. 使用"自举技术" 实现增强电路门

在计算机科学中通常说电路门，一般都容易理解为数字电路门或者布尔电路门，即以 0、1 作为输入输出值的电路，如非门、异或门等。在 FHE 方案的理解中需要读者对电路门的概念进行拓展，电路门输入和输出的值不一定取值于 $\{0,1\}$，可以取更多的值，或者说电路的每条输入线与输出线的取值范围在更大的集合中。也就是说，电路门可以是任意的算术（加法、乘法等）电路门。

明文空间是一个集合，记为 P，令 g 是一个电路门，它的每条输入线的输入值和输出线的输出值都取自于 P，称 g 是处理 P 数据的电路门。举例来说，如果 $P=\{0,1\}$，那么与门、或门、非门都是处理 P 数据的电路门；如果 $P=\{a,b,c\}$，g 是一个处理 P 数据的电路门，那么 g 每条输入线的输入值都取自 $\{a,b,c\}$，同样的，g 输出线的输出值也取自 $\{a,b,c\}$。

定义 4.3 令 Decrypt 是解密电路，显然它的输入是解密私钥和需要解密的密文，输出为明文。P 为明文空间，g 是一个处理 P 数据的电路门，令 g 的输入线条数为 in_g，称将 g 的每一条输入线连接一个 Decrypt 备份，并以这 in_g 个 Decrypt 备份的输出作为 g 的输入所得到的电路为增强 g 电路门。

根据定义，增强 g 电路门中 g 门的每个输入都是 Decrypt 解密得到的结果，一共需要 in_g 个 Decrypt 备份，以连接 g 的 in_g 条输入线，它实现的功能是先解密再执行 g 门操作。注意，现在的目标是构建全同态加密方案的一个基础构件：一个可同态执行的电路门。上述增强 g 电路门的意义就在这里，如果增强 g 电路门可同态执行，那它可以用来构建同态执行电路，如图 4-3 所示。

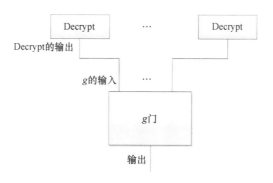

• 图 4-3 增强 g 电路门的构造

为简单起见，本书中有时将电路或者电路门的"密文运算算法 Eval 正确"性质称为"可同态执行"。读者很容易理解，令明文 m 对应的密文是 c，那么一个电路 C 可同态执行是指 c 经过 C 电路运算后再解密的结果和明文 m 经过电路 C 运算的结果相同。

定义 4.4 在同态加密方案中，如果增强 g 电路门可同态执行，则称电路门 g 是可自举的。

仔细思考定义 4.4，可知其中蕴含了"解密电路 Decrypt 可同态执行"和"g 可同态执行"这两个前提，因为 Decrypt 电路和 g 作为增强 g 电路门的一部分，在后者可同态执行的情况下，必然自身是可同态执行的。

一旦电路门 g 满足定义 4.4，则称为可自举电路门，那么使用 g 构造电路时可以肯定 g 在密文同态运算方面不会"拖后腿"。换句话说，任意一个可同态执行的电路，在加入若干个电路门 g 后所得的更复杂电路依然是可同态执行的。为实现这一目标只需要在每个需要使用 g 的地方使用增强 g 电路门来替代 g 就可以了。

要理解这个方法为什么有效，就需要回忆自举的意义，自举操作本身是为了通过同态地执行解密电路满足降低噪声的需求。在电路中电路门 g 的输入可能已经包含噪声，g 的输出中包含的噪声值只会比 g 的输入值包含的噪声值更大，因为每个电路门都会不可避免地放大噪声。由于解密可以消除噪声值，因此解密后连接一个电路门 g 是 g 能够输出最低噪声的搭配方法。当然解密和 g 运算都是在加密的状态下实现的，而此时这样的搭配仍然是同态加密体制中 g 能够输出最低噪声的方法。

3. 构造可同态执行的电路

要构造可同态执行的电路，需要怎么做呢？一个电路是由一个或多个电路门连接而成的，可以将电路拆解为单个的电路门。如果组成一个电路的所有电路门都是可自举的电路门，那么显然该电路是可同态执行的。

电路门的总数是可以计算出来的，假设明文空间为 P，P 中元素个数记为 $|P|$，令 $n = |P|$，则单输入单输出的电路门最多有 n^2 个；双输入单输出的电路门最多有 n^3 个。以布尔电路举例，$P = \{0, 1\}$，$|P| = 2$，单输入单输出电路门最多有 4 个，实际中常用的只有一个（非门）；双输入单输出的电路门最多有 8 个，与门、或门、异或门、同或门均属此类。

电路门的总数太多，难以一一考察，不过可以注意到很多电路门可以由其他电路门组合而成。再以布尔电路举例，仅仅使用若干个与非门就可以通过组合生成其他的所有布尔电路门。为了阐述这个现象，电路门完备集的概念就很重要了。

定义 4.5 假设明文空间为 P，所有电路门的集合记为 Σ，如果存在电路门 g_1, g_2, $\cdots$, $g_n \in \Sigma$，使得 $\forall g \in \Sigma$，则 g 可以由 g_1, g_2, $\cdots$, g_n 的组合生成，则称 $\{g_1, g_2, \cdots, g_n\}$ 是 P 的电路门完备集。

仔细考察上述定义，如果电路门完备集 $\{g_1, g_2, \cdots, g_n\}$ 中的每一个电路门 g_i（$i = 1$，

2，…，n）都是可自举的，那么 Σ 中的每个电路门都是可自举的。进一步结合可自举电路的性质，可以得出结论：此时所有电路都是可同态执行的。于是便得到了全同态加密方案。

4.1.2 密码电路改进

从上一节介绍的原理来说，要实现全同态加密方案，关键点在于能否同态执行解密电路。由于同态执行电路深度有限，所以能否设计出简单的解密电路就非常关键了。为了实现简化解密电路的目的，这里介绍一种非常有用的策略。

把解密过程进 ·步分成两个步骤：第一个步骤计算量较大，并且不需要解密私钥参与，这部分可以由加密者完成；第二部分计算量较小，需要使用解密私钥，这部分由解密者完成，这样就把解密算法的大部分计算负担转移给了加密者。

这种技巧源于一种称为"服务器辅助密码学"（Server-Aided Cryptography）的密码学分支。这个分支的研究成果通常应用于客户端计算能力、存储能力或者电能储备较低的场景，通过将大量的计算负载转移到服务器端，帮助客户端实现密码学应用，如图 4-4 所示。

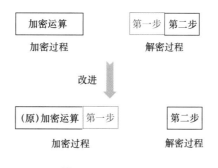

● 图 4-4　密码电路改进

4.2　BGV 全同态加密算法

和 Gentry 提出的首个全同态加密方案相比，由 Zvika Brakerski、Craig Gentry、Vinod Vaikuntanathan 提出的全同态加密算法具有安全性更强、计算效率更高的优点，该算法也以三位发明人姓氏首字母命名为 BGV 算法。

BGV 算法工作在算数电路门上，具体来说，实现了算数加法和算术乘法的同态性。BGV 算法借用了文献［33］中提出的某些技巧，使用模交换技术对自举过程进行优化，在每次进行算数电路门运算之前先对输入的密文进行降模运算，使得噪声在原来同态乘法中的指数增长变为了线性增长。2013 年 5 月，IBM 推出了同态加密的开源软件库 HELib，该库实现了 BGV 算法。

本节对 BGV 算法做一个简要介绍，并给出算法的实现供大家参考。

4.2.1　理想格

方案中应用到了理想格，这是一个数学概念。本节对理想格进行介绍，如果需要进一步了解细节，可以参考抽象代数领域的其他书籍。

回顾一下以前学习的多项式概念，一个多项式一般定义为：

$$f(x) = a_n x^n + a_{n-1} x^{n-1} + \cdots + a_1 x + a_0$$

其中的系数 a_n，$\cdots$，a_0 一般取自实数集。

在抽象代数中，有一个"多项式环"的概念，它是多项式概念的推广。在本方案中，系数 a_n，$\cdots$，a_0 都是整数（或者说，取自整数环 Z），系数取自整数环 Z 的所有多项式组成的集合记为 $Z[x]$；进一步地，把 $Z[x]$ 中每个系数都对某个整数 q 取模，记为 $Z[x]_q$。

举例来说，当 $q = 11$，以下几个多项式都是集合 $Z[x]_{11}$ 中的元素：

$$4x^3 + 3x^2 + 1, 7x^{60} - 5, 5x^{32} - 4x^8 + x$$

但下面几个多项式就不属于 $Z[x]_{11}$：

$$8x + 1, 7x^4 - x + 2, 4x^3 + 3x^2 + 2x + 8$$

如果一个多项式不可约，则该多项式不能分解，比如说 x^2+1 不可约，而 $x^2-1 = (x+1)(x-1)$ 是可约的。

令 $f(x)$ 是一个不可约多项式，$Z[x]_q / f(x)$ 构成一个环，比如，令 $f(x) = x^4+1$，$q = 3$，则 $Z[x]_q / f(x)$ 由以下元素组成。

- 常数：0，1，2。
- 一次多项式：x，$x+1$，$x+2$，$2x$，$2x+1$，$2x+2$。
- 二次多项式：x^2，x^2+1，x^2+2，x^2+x，x^2+x+1，x^2+x+2，x^2+2x，x^2+2x+1，x^2+2x+2，$2x^2$，$2x^2+1$，$2x^2+2$，$2x^2+x$，$2x^2+x+1$，$2x^2+x+2$，$2x^2+2x$，$2x^2+2x+1$，$2x^2+2x+2$。
- 三次多项式：x^3，x^3+1，x^3+2，x^3+x，x^3+x+1，x^3+x+2，x^3+2x，x^3+2x+1，x^3+2x+2，x^3+x^2，x^3+x^2+1，x^3+x^2+2，x^3+x^2+x，x^3+x^2+x+1，x^3+x^2+x+2，x^3+x^2+2x，x^3+x^2+2x+1，x^3+x^2+2x+2，x^3+2x^2，x^3+2x^2+1，x^3+2x^2+2，x^3+2x^2+x，x^3+2x^2+x+1，x^3+2x^2+x+2，x^3+2x^2+2x，x^3+2x^2+2x+1，x^3+2x^2+2x+2，$2x^3$，$2x^3+1$，$2x^3+2$，$2x^3+x$，$2x^3+x+1$，$2x^3+x+2$，$2x^3+2x$，$2x^3+2x+1$，$2x^3+2x+2$，$2x^3+x^2$，$2x^3+x^2+1$，$2x^3+x^2+2$，$2x^3+x^2+x$，$2x^3+x^2+x+1$，$2x^3+x^2+x+2$，$2x^3+x^2+2x$，$2x^3+x^2+2x+1$，$2x^3+x^2+$

$2x+2$，$2x^3+2x^2$，$2x^3+2x^2+1$，$2x^3+2x^2+2$，$2x^3+2x^2+x$，$2x^3+2x^2+x+1$，$2x^3+2x^2+x+2$，$2x^3+2x^2+2x$，$2x^3+2x^2+2x+1$，$2x^3+2x^2+2x+2$。

通常把这些多项式的系数提取出来，作为向量来处理。比如，$2x^3+1$ 对应向量 $(2,0,0,1)$，于是上面的多项式可以分别用系数向量来表示，如下。

- 常数：$(0,0,0,0)$，$(0,0,0,1)$，$(0,0,0,2)$。
- 一次多项式：$(0,0,1,0)$，$(0,0,1,1)$，$(0,0,1,2)$，$(0,0,2,0)$，$(0,0,2,1)$，$(0,0,2,2)$。
- 二次多项式：$(0,1,0,0)$，$(0,1,0,1)$，$(0,1,0,2)$，$(0,1,1,0)$，$(0,1,1,1)$，$(0,1,1,2)$，$(0,1,2,0)$，$(0,1,2,1)$，$(0,1,2,2)$，$(0,2,0,0)$，$(0,2,0,1)$，$(0,2,0,2)$，$(0,2,1,0)$，$(0,2,1,1)$，$(0,2,1,2)$，$(0,2,2,0)$，$(0,2,2,1)$，$(0,2,2,2)$。
- 三次多项式：$(1,0,0,0)$，$(1,0,0,1)$，$(1,0,0,2)$，$(1,0,1,0)$，$(1,0,1,1)$，$(1,0,1,2)$，$(1,0,2,0)$，$(1,0,2,1)$，$(1,0,2,2)$，$(1,1,0,0)$，$(1,1,0,1)$，$(1,1,0,2)$，$(1,1,1,0)$，$(1,1,1,1)$，$(1,1,1,2)$，$(1,1,2,0)$，$(1,1,2,1)$，$(1,1,2,2)$，$(1,2,0,0)$，$(1,2,0,1)$，$(1,2,0,2)$，$(1,2,1,0)$，$(1,2,1,1)$，$(1,2,1,2)$，$(1,2,2,0)$，$(1,2,2,1)$，$(1,2,2,2)$，$(2,0,0,0)$，$(2,0,0,1)$，$(2,0,0,2)$，$(2,0,1,0)$，$(2,0,1,1)$，$(2,0,1,2)$，$(2,0,2,0)$，$(2,0,2,1)$，$(2,0,2,2)$，$(2,1,0,0)$，$(2,1,0,1)$，$(2,1,0,2)$，$(2,1,1,0)$，$(2,1,1,1)$，$(2,1,1,2)$，$(2,1,2,0)$，$(2,1,2,1)$，$(2,1,2,2)$，$(2,2,0,0)$，$(2,2,0,1)$，$(2,2,0,2)$，$(2,2,1,0)$，$(2,2,1,1)$，$(2,2,1,2)$，$(2,2,2,0)$，$(2,2,2,1)$，$(2,2,2,2)$。

理解了 $Z[x]_q/f(x)$ 构成环以后，进一步理解 $Z[x]_q/f(x)$ 中的一个多项式及其倍数（包括这个多项式和其他多项式的乘积）在 $Z[x]_q/f(x)$ 内构成一个子集，它称为 $Z[x]_q/f(x)$ 的一个理想，又因为其可以表示为格，所以也称为理想格。

4.2.2　基本加密方案

本小节描述部分同态加密方案，BGV 方案是先设计基本加密方案，然后通过技巧转化为全同态加密。

算法 4.1　BGV 基本加密算法由下述 5 个过程组成，分别为：

1）参数生成 $\mathrm{ParamGen}(\lambda,\mu,b) \rightarrow (q,d,n,N,\chi)$。输入安全参数 λ 和 μ，以及一个比特 b，其中 b 用来控制理想格的模多项式 $f(x)$ 是否为一次多项式，这里为简单起见，统一设定 $f(x)$ 为一次多项式。输出以下 5 个参数。

① q 为模数，长度为 μ 比特。

② d 是 $f(x)$ 的次数，此处定为 1。

③ n 是维度参数。

④ N 是另一个维度，应该满足 $N > 2n\mu$。

⑤ χ 是噪声分布，为一个以 0 为中心、标准差较小的正态分布。

2）私钥生成 PrivateKeyGen$(q,d,n,N,\chi) \rightarrow sk$。输入系统参数 q，d，n，N，χ，输出私钥 sk。伪代码流程如下：

```
PrivateKeyGen(q,d,n,N,X)
{
    For (i=1;i<=n;i++)
      t[i]← X分布抽样;
    sk← (1, t[1], …, t[n]);
    return sk;
}
```

要注意，私钥生成算法生成的私钥 sk 是列向量，sk 相当于 t 向量加了第一维度值为 1，t 和 sk 具有如图 4-5 所示的形式。

$$t = \begin{pmatrix} t_1 \\ t_2 \\ \vdots \\ t_n \end{pmatrix} \Bigg\} n \text{ 维} \qquad sk = \begin{pmatrix} 1 \\ \\ t \\ \\ \end{pmatrix} \Bigg\} n+1 \text{ 维}$$

● 图 4-5　t 和 sk 的形式

3）公钥生成 PubKeyGen$(q,d,n,N,\chi,sk) \rightarrow pk$。输入系统参数 q，d，n，N，χ 和私钥 sk，输出公钥 pk。伪代码流程如下：

```
PubKeyGen(q,d,n,N,X,sk)
{
    生成 N×n 阶随机矩阵 B,其中每个元素取自{0,1,…,q-1}的随机元素;
    For (i=1; i<=N; i++)
        e[i]← X分布抽样;
    e ← (e[1],e[2],…,e[N]);
    b ← Bt+2e;
    令列向量 b 右连接矩阵-B 记为 A;
    pk ← A;
    return pk;
}
```

最终生成的公钥是矩阵 A，它具有的形式是由一系列向量、矩阵的生成过程决定的。在生成 A 之前，分别生成了向量 e、向量 b 和矩阵 B，其格式分别如图 4-6 和图 4-7 所示。

$$B = \begin{pmatrix} B_{11} & B_{12} & \cdots & B_{1n} \\ B_{21} & B_{22} & \cdots & B_{2n} \\ \vdots & \vdots & & \vdots \\ B_{N1} & B_{N2} & \cdots & B_{Nn} \end{pmatrix} \Big\} N \text{ 行}$$

● 图 4-6　B 矩阵的形式

$$e = \begin{pmatrix} e_1 \\ e_2 \\ \vdots \\ e_N \end{pmatrix} \Big\} N \text{ 维} \qquad b = \begin{pmatrix} b_1 \\ b_2 \\ \vdots \\ b_N \end{pmatrix} \Big\} N \text{ 维}$$

● 图 4-7　向量 e 和向量 b 的形式

A 是由向量 b 和矩阵 $-B$ 连接组成的，具有如图 4-8 所示的格式。

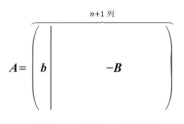

● 图 4-8　矩阵 A 的形式

4）加密过程 Encrypt$(m, pk, q, d, n, N, \chi) \to c$。输入参数中 m 为明文消息，是 1 比特的数据，pk 为公钥。伪代码流程如下：

```
Encrypt(m,pk,q,d,n,N,χ)
{
    生成 n+1 维向量 m̄ ← (m,0,…,0);
    For (i =1; i<=N; i++)
        r[i]← 随机取 0 或 1;
    r ← (r[1],r[2],…,r[N]);
    c ← m̄+Aᵀr;
return c;
}
```

明文 m 是一个比特，由明文生成的列向量 $\overline{m}$ 和随机向量 r 具有如图 4-9 和图 4-10 所示的表示形式。

$$\overline{m} = \left.\begin{pmatrix} m \\ 0 \\ \vdots \\ 0 \end{pmatrix}\right\} N+1 \text{维} \qquad\qquad r = \left.\begin{pmatrix} r_1 \\ r_2 \\ \vdots \\ r_N \end{pmatrix}\right\} N \text{维}$$

• 图 4-9　明文向量的形式　　　　　　　• 图 4-10　随机向量的形式

5）解密过程 Decrypt(c, q, d, n, N, $\mathcal{X}$, sk) → m。输入参数 q，d，n，N，$\mathcal{X}$，sk，密文 c 和私钥 sk，输出明文 m。伪代码流程如下：

```
Decrypt(c, q,d,n,N,X,sk)
{
    dot ← 密文 c 和私钥 sk 的内积;
    m ← dot mod q mod 2;
    return(m);
}
```

注意，m 的计算过程包括三个步骤：先计算两个向量的内积，内积结果对 q 取模，再对 2 取模，这样得到的结果就是一个比特。

4.2.3　密钥切换

注意到解密过程要首先计算两个向量 c 和 sk 的内积，为了进一步分析密钥切换过程，进行如下定义。

$$L_c(x) = <c, x>$$

考察两个不同函数的加法，假设有向量 $c1$ 和 $c2$，则根据内积的性质，必然有

$$L_{c1}(x) + L_{c2}(x) = L_{c1+c2}(x)$$

另一方面，$L_{c1}(x)$ 和 $L_{c2}(x)$ 的乘法就没那么简单了，进行如下定义。

$$Q_{c1,c2}(x) = L_{c1}(x) \cdot L_{c2}(x)$$

显然，$Q_{c1,c2}(x)$ 是张量积 $x \otimes x$ 的线性组合，由于张量的维度是原向量 x 维度的平方，相当于以 sk 为密钥的密文乘法之后得到以 $sk \otimes sk$ 为密钥的密文，这意味着密文的乘法会导致维度急剧扩张，不好处理。

为解决这个问题，采用一种称为 "重线性化"（Relinearization）的技术，它将以 $sk_1 \otimes sk_1$ 为密钥的密文转变为以另一个密钥 sk_2 为解密密钥的密文。这个技术也可以用来进行密

钥的转换，即某个密钥加密的密文转变为另一个密钥的密文。这个过程因此也被称为"密钥切换"过程。

密钥切换需要使用两个算法作为子模块，介绍如下。

算法 4.2 BitDecomp 算法 $\text{BitDecomp}(x,q) \rightarrow u$ 将 n 维向量 x 分解为二进制表示形式。其中 $x = \{x_1, x_2, \cdots, x_n\}$ 是 n 维模 q 整数向量。

```
BitDecomp(x,q)
{
    for(i=1; i<=n; i++)
    {
        将 x_i 表示为二进制表示；
        将 x_i 的第 j 比特写入 u_j 的第 i 分量；
    }
    u ← (u_0,u_1,···, u_logq) ;
    return u;
}
```

这个算法把一个 n 维向量 x 分解为 $\log q$ 个 n 维向量 $(u_0, u_1, \cdots, u_{\log q})$，它们之间的联系是 $x = u_0 + 2 \cdot u_1 + 2^2 \cdot u_2 + \cdots + 2^{\log q} \cdot u_{\log q}$。

比如，令 $q=16$，$n=3$，$x=(14,4,9)$ 是三维向量，则 BitDecomp 算法对 x 进行分解后得到：

$u_0 = (0,0,1)$

$u_1 = (1,0,0)$

$u_2 = (1,1,0)$

$u_3 = (1,0,1)$

因为向量 $x=(14,4,9)$ 的三个分量分别满足如下关系：

$14 = 1 \cdot 2^3 + 1 \cdot 2^2 + 1 \cdot 2^1 + 0 \cdot 2^0$

$4 = 0 \cdot 2^3 + 1 \cdot 2^2 + 0 \cdot 2^1 + 0 \cdot 2^0$

$9 = 1 \cdot 2^3 + 0 \cdot 2^2 + 0 \cdot 2^1 + 1 \cdot 2^0$

可以把上述 u 看作由四个向量 u_0、u_1、u_2、u_3 组成的二维向量（或矩阵），也可以把 u_0、u_1、u_2、u_3 连接成一个向量，从而把 u 看作一个 12 维的向量 $(0,0,1,1,0,0,1,1,0,1,0,1)$。

算法 4.3 Powersof2 算法 $\text{Powersof2}(x,q) \rightarrow v$ 输出 n 维向量 x 乘以 2 的不同次幂。其中 $x = \{x_1, x_2, \cdots, x_n\}$ 是 n 维模 q 整数向量。

```
Powersof2(x,q)
{
    for(i=0;i<=log q; i++)
    {
        v_i = x · 2^i;
    }
    v ← (v_0,v_1,···, v_{log q}) ;
    return v;
}
```

对于等长的向量 c 和 s，把 BitDecomp 和 Powersof2 两个算法联合起来用，有以下效果：

$$<\mathrm{BitDecomp}(c,q),\mathrm{Powersof2}(s,q)> = <c,s> \bmod q$$

下面介绍密钥切换的方法，整个密钥切换分成两个过程：首先是一个 SwithKeyGen 算法，输入两个密钥向量 s_1 和 s_2 后输出一个附加信息 $\tau_{s_1 \to s_2}$，该附加信息用于后续的密钥切换；其次是 SwitchKey 算法实现密钥切换过程，该过程需要使用附加信息 $\tau_{s_1 \to s_2}$。

算法 4.4 SwitchKeyGen 算法 SwitchKeyGen $(s_1, s_2) \to \tau_{s_1 \to s_2}$，输入两个不同长度的密钥 s_1 和 s_2，其中 s_1 是 n_1 维向量，s_2 是 n_2 维向量，输出密钥切换所需的附加信息 $\tau_{s_1 \to s_2}$ 是一个矩阵。

```
SwitchKeyGen (s_1,s_2)
{
    A ← PubKeyGen(q,d,n,N,X,s_2);
    tmp ← Powersof2(s_1,q);
    把向量 tmp 加到矩阵 A 的第一列，得到矩阵 B;
    τ_{s_1→s_2} ← B;
    return τ_{s_1→s_2};
}
```

算法 4.5 SwitchKey 算法 SwitchKey $(\tau_{s_1 \to s_2}, c_1) \to c_2$，输入附加信息 $\tau_{s_1 \to s_2}$ 和用密钥 s_1 可解密的密文 c_1，输出用密钥 s_2 可解密的密文 c_2。

```
SwitchKey(τ_{s_1→s_2},c_1)
{
    c_2 ← BitDecomp(c_1) · τ_{s_1→s_2};
    Return c_2;
}
```

算法 4.4 和算法 4.5 的组合使用满足如下性质：

$$<c_2, s_2> = 2<\text{BitDecomp}(c_1, q), e_2> + <c_1, s_1> \bmod q$$

这是因为:

$$<c_2, s_2> = \text{BitDecomp}(c_1)^{\text{T}} \cdot B \cdot s_2$$

$$= \text{BitDecomp}(c_1)^{\text{T}} \cdot (2e_2 + \text{Powersof2}(s_1, q))$$

$$= 2<\text{BitDecomp}(c_1, q), e_2> + <\text{BitDecomp}(c_1, q), \text{Powersof2}(s_1, q)>$$

$$= 2<\text{BitDecomp}(c_1, q), e_2> + <c_1, s_1> \bmod q$$

由于$<\text{BitDecomp}(c_1, q), e_2>$中$e_2$的内积值非常小,远远小于$q$的值,因此 mod q的结果和未 mod q的结果一致。这就保证了c_1通过s_1解密和c_2通过s_2解密的结果一样。

4.2.4　模切换

假设明文消息为m,c是m对应的密文,其解密密钥为$s \bmod q$,即$m = <c, s> \bmod q$ $\bmod 2$,并且s是一个短向量。假设c'是接近$(p/q) \cdot c$的一个向量,并且满足$c' = c \bmod 2$,则c'是明文m对应解密密钥为$s \bmod p$的密文,也就是说,$m = <c', s> \bmod p \bmod 2$。换句话说,这个方案实现了解密方程内部模数的切换(由q变为p),同时保持明文m和解密密钥s不变。

4.2.5　FHE 算法描述

在借用上述密钥切换和模切换方法的基础上,改进 4.2.2 节描述的基本加密方法,给出 FHE 算法。

在 FHE 算法中,使用一个参数L来表示可以同态运算的算术电路深度。

算法 4.6　BGV FHE 算法由下述 7 个过程组成,分别为:

1)参数生成 ParamGen$(\lambda, L, b) \rightarrow (para)$。输入安全参数$\lambda$和电路深度参数$L$,以及一个比特$b$,其中$b$用来控制理想格的模多项式$f(x)$是否为一次多项式,为简单起见,统一设定$f(x)$为一次多项式。伪代码如下:

```
ParamGen(λ,L,b)
{
    选定 μ 是长度参数;
    设置数组 para[]为空;
    for (j = L,j >= 0;j --)
    {
        运行 4.2.2 节算法的 ParamGen 过程,以(λ,(j+1)μ,b)为参数;
        把上一步生成的参数加入参数组 para 的第 j 单元 para[j];
```

```
    }
    return para;
}
```

此过程通过多次运行 4.2.2 节算法的 ParamGen 过程，生成一系列的参数，这些参数组成一个数组 **para**，因为 **para** 中每个分量是一个向量，可以把 **para** 理解为一个矩阵，如图 4-11 所示。

$$para[0]:(q_0,d,n_0,N_0,x_0)$$
$$para[1]:(q_1,d,n_1,N_1,x_1)$$
$$\vdots$$
$$para[N]:(q_N,d,n_N,N_N,x_N)$$

● 图 4-11　**para** 数组的形式

2）密钥生成 KeyGen(**para**) → (pk, sk)。输入参数向量 **para**，输出密钥对，包括公钥 pk 和私钥 sk。伪代码流程如下：

```
KeyGen(para)
{
    for (j = L,j >= 0;j --)
    {
        运行 4.2.2 节算法的 SecretKeyGen 过程,输出记录为 sⱼ;
        以 sⱼ 为参数运行 4.2.2 节算法的 PubKeyGen 过程,输出记录为 Aⱼ;
        s'ⱼ←sⱼ⊗sⱼ;
        τ_{s'ⱼ₊₁→sⱼ}←SwitchKeyGen(s'ⱼ₊₁,sⱼ);
    }
    sk ← (s₀,s₁,…,s_L);
    pk← ((A₀,A₁,…,A_L),(τ_{s'₁→s₀},…,τ_{s'_L→s_{L-1}}))
    return (pk, sk);
}
```

3）加密过程 Enc(**para**, pk, m) → c。输入参数中 m 为明文消息，是 1 个比特的数据，pk 为公钥，输出密文 c。伪代码流程如下：

```
Enc(para,pk,m)
{
    运行 4.2.2 节的 Encrypt 过程加密 m,以该算法的输出为密文 c;
    return c;
}
```

4）解密过程 Decrypt(**para**, sk, c) → m。假设密文 c 是使用密钥 sⱼ 对应公钥加密的，则运行 4.2.2 节的 Decrypt 过程使用 s_j 对 c 进行解密，得到明文 m。

5）自举运算 Refresh$(c, \tau_{s_j' \to s_{j-1}}, q_j, q_{j-1})$。该算法对密文 c 进行密钥切换和模切换运算，以实现密文自举。伪代码流程如下：

```
Enc(para,pk,m)
{
    c₁← SwitchKey (τ_{s_j'→s_{j-1}},c);
    对 c₁运行模切换运算,输出 c₂;
    return c₂;
}
```

6）同态加法运算 Add$(pk, c_1, c_2) \to c$。输入使用相同密钥 s_j 可解密的两个密文 c_1 和 c_2，执行同态加法，输出同态密文加法结果。伪代码流程如下：

```
Add(pk,c₁,c₂)
{
    c₃← c₁+c₂ mod q_j; // c₃是使用 s_j⊗s_j可解密的密文
    c₄← Refresh(c₃,τ_{s_j'→s_{j-1}},q_j,q_{j-1});
    c ←c₄;
    return c;
}
```

7）同态乘法运算 Mult$(pk, c_1, c_2) \to c$。输入使用相同密钥 s_j 可解密的两个密文 c_1 和 c_2，执行同态乘法，输出同态乘法结果。伪代码流程如下：

```
Mult (pk,c₁,c₂)
{
    c₃← c₁×c₂ mod q_j; // c₃是使用 s_j⊗s_j可解密的密文
    c₄← Refresh(c₃,τ_{s_j'→s_{j-1}},q_j,q_{j-1});
    c ←c₄;
    return c;
}
```

值得注意的是，加法运算使得密文的噪声值增长量显著小于乘法运算导致的密文增长量，所以加法运算并不需要每次后续都使用 refresh 运算。

BGV 算法中最关键的一个过程是 refresh，如果进行 refresh 过程时选取的参数 q_{j-1} 显著小于 q_j，则噪声值也被缩减了很多，实现密文的"刷新"或者自举的效果。

4.2.6 Python 的 SymPy 模块

在实现 BGV 算法之前，先介绍一下 Python 的 SymPy 模块，因为下一节介绍的实现过程需要多次使用该模块。

SymPy 是一个用于符号数学的模块，它是一个很好用的计算机辅助代数系统。目前，SymPy 最新版本是 1.8，其功能包括基本的算术计算，简化表达式，计算微分、积分、极限，解方程，任意精度的整数和有理数运算，可以广泛应用在代数、组合、几何、物理、工程等领域。

1. 安装

和其他 Python 模块一样，使用 pip 就能很方便地完成安装，如图 4-12 所示。

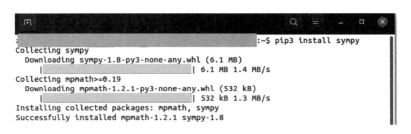

● 图 4-12 SymPy 模块安装

2. 基本使用

在 SymPy 中，变量通过符号来定义，这很符合数学中的用法，并且变量必须先声明再使用，下面是由变量 x 和 y 组成的二元一次多项式的例子：

```
from sympy import symbols
x, y=symbols('x y')
expr=x+2*y
print(expr)
```

代码运行的结果为输出如下的二元一次多项式：

```
x+2*y
```

经过上述定义之后，expr 就表示二元一次多项式 $x+2y$。多项式的运算包括分解、展开等，代码如下：

```
from sympy import expand, factor
e_expr=x*expr
print(e_expr)
print(expand(e_expr))
```

```
expr2=x**2+2*x*y
print(factor(expr2))
```

上述代码中有三条输出语句，分别为输出表达式 e_expr、表达式 e_expr 的展开式、表达式 expr2 的分解，其中表达式 expr2 就等于表达式 e_expr 的展开式。运行这些代码，可以看到输出依次为：

```
x*(x+2*y)
x**2+2*x*y
x*(x+2*y)
```

从这个例子可以看出，SymPy 模块的 expand 函数能够实现多项式展开，而 factor 函数实现了多项式的分解。

SymPy 更强大的功能在于对多项式的其他运算，如求导数、求积分等。下面尝试对两个多项式 $\sin x \cdot e^x$、$e^x \cdot \sin x + e^x \cdot \cos x$ 分别求对 x 导数和求积分。代码如下：

```
from sympy import diff,sin,exp,cos,integrate,init_printing
x=symbols('x')
init_printing(use_unicode=True)
print(diff(sin(x)*exp(x),x))
print(integrate(exp(x)*sin(x)+exp(x)*cos(x),x))
```

上述代码中两条输出语句的输出结果分别为 $\exp(x) * \sin(x) + \exp(x) * \cos(x)$ 和 $\exp(x) * \sin(x)$。通过数学推导很容易验证该计算结果的正确性。

3. 算法实现中使用的 SymPy 函数

（1）sympy. ntheory. modular. crt 函数

sympy. ntheory. modular. crt 函数实现中国剩余定理的求解，函数有 4 个参数：m、v、symmetric、check。其中 m 和 v 是两个向量，分别表示模数向量和取模的结果向量；symmetric 参数的默认值为 False，此时确保返回一个正整数，否则有可能返回负数；check 参数默认值为 True，此时要检查模数之间是否互素，如果已知模数两两互素，则此参数可以设置为 False。

举例说明，要求如下同余方程组的解：

```
x mod 99=49
x mod 97=76
x mod 95=65
```

显然使用中国剩余定理可以求解上述方程，下面演示如何使用 crt 函数来求解，代码如下：

```
from sympy.ntheory.modular import crt
print(crt([99, 97, 95], [49, 76, 65]))
```

输出结果为：

```
(639985, 912285)
```

可以看到方程的解为 $x=639985$，输出值的第二项是三个模数的乘积，即 $912285=99×97×95$。再用一条语句检验一下计算结果是否正确：

```
print([639985 % a for a in [99, 97, 95]])
```

输出结果为 $[49, 76, 65]$。确实是原来模结果向量。

（2）sympy. core. numbers. mod_inverse 函数

sympy. core. numbers. mod_inverse 函数有两个参数 (a, m)，输出 a 模 m 的逆，也就是满足 $a \cdot c = 1 \bmod m$ 的 c，如果 a 模 m 不存在逆，则返回一个错误值。使用下述代码查看该函数的执行效果：

```
from sympy.core.numbers import mod_inverse
print(mod_inverse(3,11))
print(mod_inverse(7,94))
```

两条语句的输出结果分别为 4 和 27。由于 $3×4=1 \bmod 11$、$7×27=1 \bmod 94$，所以求解是正确的。

（3）sympy. ntheory. residue_ntheory. sqrt_mod 函数

sympy. ntheory. residue_ntheory. sqrt_mod 函数能够求出模平方根，函数有三个参数 a、p、all_roots，其中 a 和 p 是两个整数，函数求出满足 $x^2 = a \bmod p$ 的一个 x 值，all_roots 参数默认值为 False，如果设置为 True，则返回所有满足 $x^2 = a \bmod p$ 的 x 值列表。使用下述代码检验该函数功能：

```
from sympy.ntheory.residue_ntheory import sqrt_mod
print(sqrt_mod(11, 43))
print(sqrt_mod(11, 43, True))
```

两条输出语句的输出结果分别为 22 和 $[21, 22]$，从结果可以看出满足方程 $x^2 = 11 \bmod 43$ 的解一共有两个，分别为 $x=21$ 和 $x = 22$。

（4）sympy. ntheory. primetest. isprime 函数

sympy. ntheory. primetest. isprime 函数只有一个参数 n，函数的功能是判断 n 是否为素数。值得注意的是，当 n 的值 $\leq 2^{64}$ 时结果是准确的，但是如果 $n>2^{64}$，那么返回的结果具有一定的出错概率。另外，负数不认为是素数，比如，-2 在该函数中被判定为非负数。

```
from sympy.ntheory.primetest import isprime
print(isprime(13))
print(isprime(77))
```

两条输出语句的输出结果分别为 True、False，符合 13 为素数、77 为非素数的事实。

（5）sympy. ntheory. generate. nextprime 函数

sympy. ntheory. generate. nextprime 函数有一个参数 n，函数返回比 n 大的最小素数。使用下述代码输出比 12 大的最小素数：

```
from sympy.ntheory.generate import nextprime
print(nextprime(12))
```

输出结果为 13，容易验证结果的正确性。通常使用这个函数生成一系列的素数，比如，下述代码生成比 100 大的连续 10 个素数：

```
a=100
for i in range(10):
    a=nextprime(a)
    print(a)
```

输出结果为：
```
101
103
107
109
113
127
131
137
139
149
```

（6）sympy. ntheory. residue_ntheory. nthroot_mod 函数

sympy. ntheory. residue_ntheory. nthroot_mod 函数有四个参数：a、n、p、all_roots，功能是求出 a 模 p 的 n 次根，即满足 $x^n = a \bmod p$ 的 x。参数 all_roots 默认值为 False，如果设置为 True，则返回满足上述等式的所有 x 值组成的列表。使用下述代码验证函数的效果：

```
from sympy.ntheory.residue_ntheory import nthroot_mod
print(nthroot_mod(11,4,19))
print(nthroot_mod(11,4,19,True))
print(nthroot_mod(68,3,109))
```

三条输出语句的输出分别为：

```
8
[8, 11]
23
```

容易验证上述求根结果的正确性。即 $8^4 = 11 \mod 19$，$11^4 = 11 \mod 19$，$23^3 = 68 \mod 109$。

4.2.7 算法实现

基于理想格的加密算法要想实现高效率，就必须使用离散傅里叶变换进行加速，因此在实现过程中应该先设计好离散傅里叶变换的子程序。在实现环上元素相乘时，通过离散傅里叶变换程序映射到频域再进行处理。

具体的实现过程包括加密、解密、同态加法、同态乘法等子过程，核心代码如下。

1. 加密方案实现

为了实现加密方案中抽样和中国剩余定理的求解，首先定义几个类。第一个是用于实现离散傅里叶变换的类 NTT，其次定义了几个抽样函数，以及中国剩余定理求解类。

离散傅里叶变换的实现如下：

```
1 from numTh import *
2 from sympy.core.numbers import mod_inverse
3 from sympy.ntheory import sqrt_mod
4 import numpy as np
5
```

第 1~4 行代码导入了几个必要的包，密码学运算中往往需要导入一些数学运算包。numTh 包是进行二次域（二次数、二次阶、二次整数、二次域中的理想、二次形式等）相关的计算的理想工具。

下面开始类定义：

```
 6 class NTT:
 7   def _init_(self, poly, M, N, ideal=True, ntt=False, w=None, phi=None):
 8     if ntt:
 9         self.initial_w_ntt(poly, M, N, ideal, w, phi)
10     else:
11         self.initial_wo_ntt(poly, M, N, ideal, w, phi)
12
13   def initial_wo_ntt(self, poly, M, N, ideal, w, phi):
14     self.mod=M
15     self.N = N
16     if w is None and phi is None:
17         self.w = findPrimitiveNthRoot(M, N)
18         self.phi = sqrt_mod(self.w, M)
```

```
19      else:
20          self.w = w
21          self.phi = phi
22      self.ideal = ideal
23      if ideal:
24          poly_bar = self.mulPhi(poly)
25      else:
26          poly_bar = poly
27      self.fft_poly = self.ntt(poly_bar)
28
29  def initial_w_ntt(self, poly, M, N, ideal, w, phi):
30      self.mod = M
31      self.N = N
32      self.w = w
33      self.phi = phi
34      self.ideal = ideal
35      self.fft_poly = poly
36
```

上述代码用于初始化 NTT 的参数，使用参数 ntt 作为 flag，标识参数是否已经在频域中，当 ntt 为 False 时将多项式转化到频域（执行 initial_wo_ntt 函数）。其中第 16~21 行用于生成单位元的 N 次本原根及单位元的平方根。各参数的含义分别为：mod 为模数，N 是 NTT 点集合，w 是单位元，phi 是单位元的平方根，ideal 表示理想环，fft_poly 是频域中的多项式。

```
37  def _name_(self):
38      return "NTT"
39
40  def _str_(self):
41      poly = " ".join(str(coeff) for coeff in self.fft_poly)
42      return "NTT points ["+poly+"]modulus "+str(self.mod)
43
44  def _mul_(self, other):
45      assert type(other)._name_ == 'NTT' or type(other)._name_ == 'int', 'type error'
46      if type(other)._name_ == 'int':
47          mul_result = self.mulConstant(other)
48      else:
49          assert self.N == other.N, "points different"
50          assert self.mod == other.mod, "modulus different"
```

```
51          assert self.ideal == other.ideal
52          mul_result = []
53          for i, point in enumerate(self.fft_poly):
54              mul_result.append((point * other.fft_poly[i]) % self.mod)
55          return NTT(mul_result, self.mod, self.N, self.ideal, True, self.w, self.phi)
56
57    def _add_(self, other):
58          assert self.N == other.N, 'points different'
59          assert self.mod == other.mod, 'modulus different'
60          assert self.ideal == other.ideal
61          add_result = []
62          for i, point in enumerate(self.fft_poly):
63              add_result.append((point+other.fft_poly[i]) % self.mod)
64          return NTT(add_result, self.mod, self.N, self.ideal, True, self.w, self.phi)
65
66    def _sub_(self, other):
67          assert self.N == other.N, 'points different'
68          assert self.mod == other.mod, 'modulus different'
69          assert self.ideal == other.ideal
70          sub_result = []
71          for i, point in enumerate(self.fft_poly):
72              sub_result.append((point-other.fft_poly[i]) % self.mod)
73          return NTT(sub_result, self.mod, self.N, self.ideal, True, self.w, self.phi)
74
```

第 44~55 行定义_mul_函数实现频域中的乘法，第 57~64 行定义_add_函数实现频域中的加法，第 66~73 行定义_sub_函数实现频域中的减法。

```
75    def bitReverse(self, num, len):
76          rev_num = 0
77          for i in range(0, len):
78              if (num >> i) & 1:
79                  rev_num |= 1 << (len-1-i)
80          return rev_num
81
82    def orderReverse(self, poly, N_bit):
83          _poly = list(poly)
84          _poly = list(np.array(_poly).astype(int))
85          for i, coeff in enumerate(_poly):
86              rev_i = self.bitReverse(i, N_bit)
```

```
87          if rev_i > i:
88              coeff ^= _poly[rev_i]
89              _poly[rev_i]^= coeff
90              coeff ^= _poly[rev_i]
91              _poly[i] = coeff
92      return _poly
93
```

第 75 行定义函数 bitReverse 的作用是把输入参数 num 的比特顺序调转，并以固定长度表示，例如，bitReverse(7, 4) 结果为 14，因为 7 的二进制（4 位表示）为 0111，顺序调转后（4 位表示）为 1110，转为十进制为 14。第 82 行定义 orderReverse 函数用来改变多项式系数向量的顺序以拟合快速傅里叶变换的输入。

```
94      def ntt(self, poly, w=None):
95          if w is None:
96              w = self.w
97          N_bit = self.N.bit_length()-1
98          rev_poly = self.orderReverse(poly, N_bit)
99          for i in range(0, N_bit):
100             points1, points2 = [], []
101             for j in range(0, int(self.N / 2)):
102                 shift_bits = N_bit-1-i
103                 P = (j >> shift_bits) << shift_bits
104                 w_P = pow(w, P, self.mod)
105                 odd = rev_poly[2 * j+1]* w_P
106                 even = rev_poly[2 * j]
107                 points1.append((even+odd) % self.mod)
108
109                 points2.append((even-odd) % self.mod)
110                 points = points1+points2
111             if i ! = N_bit:
112                 rev_poly = points
113         return points
114
```

第 94~113 行定义 ntt 函数实现了快速傅里叶变换（数论变换的功能），其中具体使用的算法是 Cooley-Tukey DIT 算法。函数的输入是参与傅里叶变化的多项式和 n 次本原根，输出是快速傅里叶变换后所得的点集。Cooley-Tukey 算法是最常见的快速傅里叶变换算法，以分治法为策略递归地将长度为 N 的 DFT 分解为长度分别为 $N/2$ 的两个较短序列的 DFT，以及与旋转因子的复数乘法。

```
115     def intt(self):
116         inv_w = mod_inverse(self.w, self.mod)
117         inv_N = mod_inverse(self.N, self.mod)
118         poly = self.ntt(self.fft_poly, inv_w)
119         for i in range(0, self.N):
120             poly[i] = poly[i] * inv_N % self.mod
121         if self.ideal:
122             inv_phi = mod_inverse(self.phi, self.mod)
123             poly = self.mulPhi(poly, inv_phi)
124         return poly
125
```

上述第 115~124 行定义 intt 函数实现有限域上的逆傅里叶变换功能，可以看到该函数调用了 ntt 函数（第 118 行），以频域中的多项式 fft_poly 和 w 的逆 w^{-1} 作为参数。

```
126     def mulPhi(self, poly, phi=None):
127         if phi is None:
128             phi = self.phi
129         poly_bar = list(poly)
130         for i, coeff in enumerate(poly):
131             poly_bar[i] = (poly[i] * pow(phi, i, self.mod)) % self.mod
132         return poly_bar
133
134     def mulConstant(self, constant):
135         mul_result = []
136         for coeff in self.fft_poly:
137             result = coeff * constant % self.mod
138             mul_result.append(result)
139         return mul_result
```

第 126~133 行定义 mulPhi 函数用于将多项式的每个系数乘以 phi 的 i 次方（当然是在模 mod 域上进行的运算），这是为了在 Z_p/x^n+1 域上实现 NTT 进行的必要步骤。

使用 NumPy、SymPy 模块中的一些函数，可以实现几个抽样函数，例如：

```
1   def uniform_sample(upper, num): #实现均匀抽样
2       sample = []
3       for i in range(num):
4           value = random.randint(0, upper-1)
5           sample.append(value)
6       return sample
7
```

```
8   def gauss_sample(num, stdev): #实现高斯抽样(以 0 为均值正态分布抽样)
9       sample = np.random.normal(0, stdev, num)
10      sample = sample.round().astype(int)
11      return sample
12
13  def hamming_sample(num, hwt):    #实现汉明抽样
14      i = 0
15      sample = [0]* num
16      while i < hwt:
17          degree = random.randint(0, num-1)
18          if sample[degree]==0:
19              coeff = random.randint(0, 1)
20              if coeff == 0:
21                  coeff = -1
22              sample[degree]= coeff
23              i+= 1
24      return sample
25
26  def small_sample(num): #实现{-1,0,1}随机抽样
27      sample = [0]* num
28      for i in range(num):
29          u = random.randint(0, 3)
30          if u == 3:
31              sample[i]= -1
32          if u == 2:
33              sample[i]= 1
34      return sample
```

BGV 加密算法的实现定义为一个类。

```
1   import numpy as np
2   #使用中国剩余定理
3   #使用多种抽样方法
4
5   class FHE:
6       #这个类定义 BGV 算法的各个过程
7       def _init_(self, d, stdev, primes, P, L, cur_level=0):
8           #初始化过程
9           self.L = L                      # 算术电路层级
10          self.cur_level = cur_level      # current level
11          self.d = d                      # 多项式阶数
```

```
12        self.stdev = stdev                    #随机噪声的标准差
13        self.prime_set = list(primes)
14        self.prime_set.sort(reverse=True)
15        self.special_prime = P
16        self.modulus = 1
17        for i in range(cur_level, L):
18            self.modulus * = primes[i]
19
20    def setCoeffs(self, poly, q=None):
21        if q is None:
22            q = self.modulus
23        for i, coeff in enumerate(poly):
24            if coeff > q // 2:
25                poly[i]-= q
26
```

第 20~25 行定义 setCoeffs 函数是对系数进行修正，因为程序中参数模 q 的结果在区间 $[0, q-1]$ 之中，但是 BGV 加密方案的多项式系数取值范围是 $[-q/2, q/2]$ 之间的整数，所以需要对超出范围的参数进行"平移"。

```
27    def secretKeyGen(self, h):
28        secret_key = []
29        sk0 = [0]* self.d
30        sk0[0]= 1
31        sk1 = hamming_sample(self.d, h)
32        secret_key.append(sk0)
33        secret_key.append(sk1)
34        return secret_key
35
```

第 27~34 行定义 secretKeyGen 函数用于生成加密私钥。根据加密方案的描述，私钥格式为 $(1, s')$，其中 s' 是从误差函数中独立抽样的 n 阶误差向量。第 34 行使用汉明抽样方法从误差分布中进行抽样。

```
36    def publicKeyGen(self, sk, modulus=None):
37        prime_set = list(self.prime_set)
38        if modulus is None:
39            modulus = self.modulus
40        else:
41            prime_set.append(self.special_prime)
42        public_key = []
```

```
43        e = gauss_sample(self.d, self.stdev)
44        A = uniform_sample(modulus, self.d)
45        self.setCoeffs(A, modulus)
46        # 使用快速傅里叶变换来处理 CRT
47        fft_sk1 = CRTPoly(sk[1], prime_set)
48        fft_A = CRTPoly(A, prime_set)
49        fft_2e = CRTPoly((2 * np.asarray(e)).tolist(), prime_set)
50        fft_b = fft_A * fft_sk1+fft_2e
51        b = fft_b.toPoly()
52        # 系数取值范围是[-q/2,q/2]内的整数
53        self.setCoeffs(b, modulus)
54        neg_A = (-(np.asarray(A))).tolist()
55        public_key.append(b)
56        public_key.append(neg_A)
57        return public_key
58
```

第 36~57 行定义函数用于生成加密公钥，注意公钥是在生成私钥之后生成的。在 BGV 加密方案中，公钥是一个矩阵，其格式为，第一列为 b 矩阵，后面跟着 $-A$ 矩阵，即 $pk = (b, -A)$，其中 b 满足等式 $b = As' + 2e$。

第 43 行使用高斯分布采样误差向量 e，第 44 行采用均匀分布采样矩阵 A，第 47~53 行通过 e、s'、A 生成 b。

```
59    def switchKeyGen(self, sk):
60        modulus = self.modulus * self.special_prime
61        prime_set = list(self.prime_set)
62        prime_set.append(self.special_prime)
63        switch_keys = []
64        switch_key = []
65        for i in range(0, self.L-1):
66            switch_key = []
67            if i ! = 0:
68                modulus //= self.prime_set[i-1]
69            pk = self.publicKeyGen(sk, modulus)  # pk = (a * s+2e, -a)
70            crt_b = CRTPoly(pk[0], prime_set[i:])
71            crt_sk1 = CRTPoly(sk[1], prime_set[i:])
72            crt_switch_key0 = crt_b+crt_sk1 * crt_sk1 * self.special_prime
73            key0 = crt_switch_key0.toPoly()
74            self.setCoeffs(key0, modulus)
75            switch_key.append(key0)
```

```
76          switch_key.append(pk[1])
77          switch_keys.append(switch_key)
78      return switch_keys
79
```

上述 switchKeyGen 函数生成 $L-1$ 个切换密钥，其中 L 是 Leveled BGV 方案支持的同态加密层级数，这些切换密钥用于后续的密钥切换过程。每个切换密钥的生成过程可以分为两步：首先在第 69 行中生成一组公钥，并将所生成公钥的第一行 b 取出来（第 70 行）；然后计算切换密钥为 $(b+P*s^2, -A)$（第 71~74 行）。

```
80      def homoEnc(self, m, pk):
81          r = small_sample(self.d)
82          e0 = gauss_sample(self.d, self.stdev)
83          e1 = gauss_sample(self.d, self.stdev)
84          if len(m) < self.d:
85              m+= [0]* (self.d-len(m))
86          crt_m = CRTPoly(m, self.prime_set)
87          crt_pk0 = CRTPoly(pk[0], self.prime_set)
88          crt_pk1 = CRTPoly(pk[1], self.prime_set)
89          crt_r = CRTPoly(r, self.prime_set)
90          crt_2e0 = CRTPoly((2 * np.asarray(e0)).tolist(), self.prime_set)
91          crt_2e1 = CRTPoly((2 * np.asarray(e1)).tolist(), self.prime_set)
92          crt_c0 = crt_m+crt_2e0
93          crt_c1 = crt_2e1
94          crt_c0+= crt_pk0 * crt_r
95          crt_c1+= crt_pk1 * crt_r
96          c0 = crt_c0.toPoly()
97          c1 = crt_c1.toPoly()
98          self.setCoeffs(c0)
99          self.setCoeffs(c1)
100         c = []
101         c.append(c0)
102         c.append(c1)
103         return c
104
```

上述 homoEnc 函数是加密过程，密文 c 由 c_0 和 c_1 两部分组成，其中 $c_0 = pk_0 * r+2e_0+m$，$c_1 = pk_1 * r+2e_1$。参数 r 是一个小的随机向量，第 81 行生成 r，第 89 行对其进行处理便于计算；e_0 和 e_1 均为独立抽样的高斯误差向量，分别在 82 行和 83 行生成，并在第 90 行和第 91 行进行处理；92~99 行根据参数生成密文 c_0 和 c_1，第 100~102 行将 c_0 和 c_1 组装成最终返回的密文。

```
105    def homoDec(self, c, sk):
106        crt_c0 = CRTPoly(c[0], self.prime_set[self.cur_level:])
107        crt_c1 = CRTPoly(c[1], self.prime_set[self.cur_level:])
108        crt_sk1 = CRTPoly(sk[1], self.prime_set[self.cur_level:])
109        crt_m = crt_c0+crt_c1 * crt_sk1
110        m = crt_m.toPoly()
111        # 系数取值范围在[-q/2,q/2]内的整数
112        self.setCoeffs(m)
113        return np.remainder(m, 2).tolist()
114
```

这里的 homoDec 函数用来实现解密运算。解密公式为 $m = (c_0 + c_1 * s') \bmod 2$，其中 c_0 和 c_1 是密文，s' 是解密私钥。

```
115    def scale(self, c, from_q, to_q):
116        p_t = from_q // to_q
117        _c = np.asarray(c) % p_t
118        for i, _c_i in enumerate(_c):
119            self.setCoeffs(_c_i, p_t)
120            for j, coeff in enumerate(_c_i):
121                if coeff % 2 == 1:
122                    if coeff > 0:
123                        _c[i][j]-= p_t
124                    else:
125                        _c[i][j]+= p_t
126        c_dagger = np.asarray(c)-_c
127        result = c_dagger // p_t
128        return np.remainder(result, to_q,).tolist()
129
```

scale 函数的作用在于为后续模数切换做准备，该函数的作用是将一个向量整体缩放一个倍数。函数的参数 from_q 和 to_q 分别是缩放前和缩放后的模数，第 116 行定义的参数 p_t 等于二者相除，为缩放倍数。

```
130    def modSwitch(self, c, level):
131        assert level < self.L-1, "无法降低噪声值"
132        to_modulus = self.modulus // self.prime_set[level]
133        result = self.scale(c, self.modulus, to_modulus)
```

```
134        self.modulus = to_modulus
135        self.cur_level+= 1
136        return np.remainder(result, self.modulus).tolist()
137
```

modSwitch 函数进行模数切换，是实现同态性的重要保证。通过模数切换，噪声值能够变小，有利于下一步通过密钥切换抑制噪声的增长。模数切换的原理是第 133 行通过调用第 115 行定义的 scale 函数来实现密文 c 的缩放。

```
138    def keySwitch(self, c, switch_key):
139        modulus = self.modulus * self.special_prime
140        prime_set = list(self.prime_set[self.cur_level:])
141        prime_set.append(self.special_prime)
142        crt_c0 = CRTPoly(c[0], prime_set)
143        crt_c1 = CRTPoly(c[1], prime_set)
144        crt_c2 = CRTPoly(c[2], prime_set)
145        crt_b = CRTPoly(switch_key[0], prime_set)
146        crt_a = CRTPoly(switch_key[1], prime_set)
147        crt_result0 = crt_c0 * self.special_prime+crt_b * crt_c2
148        crt_result1 = crt_c1 * self.special_prime+crt_a * crt_c2
149        result0 = crt_result0.toPoly()
150        result1 = crt_result1.toPoly()
151        self.setCoeffs(result0, modulus)
152        self.setCoeffs(result1, modulus)
153        result = []
154        result.append(result0)
155        result.append(result1)
156        result = self.scale(result, modulus, self.modulus)
157        return result
```

keySwitch 函数实现密钥切换功能，将一个密钥加密的结果转化为另外一个密钥加密的结果，而明文不变，这是实现同态运算的重要工具。

2. 加密方案运行结果

使用 $d = 128$，$q = 2$ 这样的参数组合对本方案进行测试，如图 4-13 所示，展示了两个密文经过同态相乘并解密的正确性。

```
                                                           $ python3 测试FHE.py
随机生成明文消息m1为：
[0 0 0 0 0 0 1 0 0 1 0 0 1 1 0 0 1 1 1 1 1 1 1 1 1 1 0 1 1 1 0 1 0 1 1
 0 0 1 0 1 0 0 0 0 0 1 1 1 1 0 1 0 1 1 1 0 1 0 1 1 0]
随机生成明文消息m2为：
[1 1 1 0 0 1 0 1 0 1 1 1 1 1 0 1 1 0 0 1 1 0 0 0 0 1 1 0 1 0 1 1 0 0 0 1 1
 0 0 1 0 1 0 1 0 0 0 0 1 0 0 1 1 0 0 1 1 1 1 0 0 0 0 1]
m1加密后的密文为：
[[-8920929371546165357046114  330790471841003339771019
   769187945490202266009425 4  -259710466954599967934532 4
   . . . . . .

m2加密后的密文为：
[[1555076824204342908509393  768665154531494107565 5868
  -105431064880085004186858 7  -6194251325646221570264952
   . . . . . .

m1和m2进行多项式乘法，结果为：
执行密文同态乘法...
密文同态乘法结果进行解密，得到：
[0, 0, 1, 0, 0, 1, 1, 0, 0, 1, 0, 0, 1, 0, 0, 0, 1, 0, 0, 1, 0, 0, 0, 0, 1, 0, 0,
 0, 1, 0, 1, 1, 0, 0, 1, 0, 1, 0, 1, 0, 1, 0, 0, 0, 1, 0, 0, 1, 0, 0, 1, 0, 1, 1,
 1, 0, 0, 0, 0, 1, 1, 0, 0, 1]
m1和m2进行多项式乘法，结果为：
[0, 0, 1, 0, 0, 1, 1, 0, 0, 1, 0, 0, 1, 0, 0, 0, 1, 0, 0, 1, 0, 0, 0, 0, 1, 0, 0,
 0, 1, 0, 1, 1, 0, 0, 1, 0, 1, 0, 1, 0, 1, 0, 0, 0, 1, 0, 0, 1, 0, 0, 1, 0, 1, 1,
 1, 0, 0, 0, 0, 1, 1, 0, 0, 1]
二者是否相等：True
```

● 图 4-13　BGV 方案的测试运行效果

4.3　整数上的全同态加密算法

遵循着 FHE 方案的基本设计思路，2010 年，Marten van Dijk、Craig Gentry、Shai Halevi、和 Vinod Vaikuntanathan 提出了一种整数上的全同态加密方案（称为 DGHV 方案），使用基本的整数模运算取代了格上复杂的矩阵和向量运算，具有概念简单、易于理解的优点，更因该方案仅仅通过简单的整数加法、整数乘法实现全同态加密算法，使得全同态加密技术有望实用化。DGHV 方案的安全性主要基于近似最大公约数问题的困难性假设。

本节介绍 DGHV 方案并给出其算法实现供大家参考。

4.3.1　近似最大公因子问题

在介绍近似最大公因子问题之前，先来回顾一下整数最大公因子的求法。要求两个整数的最大公因子，比如，求 36 和 24 的公因子，需要使用欧几里得算法，也称为辗转相除法。这个算法思想遵循一个非常易懂的法则：两个整数的最大公约数等于其中较小的那个数和两数相除余数的最大公约数。令 $gcd(a,b)$ 表示整数 a 和 b 的最大公因子，mod 表示取模运算，并且假设 $a>b$，那么该法则用式子表达为：$gcd(a,b) = gcd(b, a \bmod b)$.

欧几里得算法的流程如图 4-14 所示。

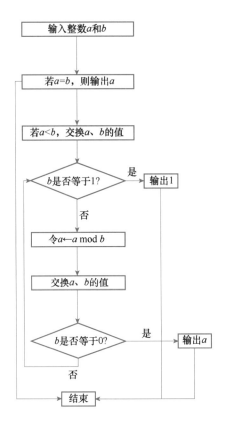

● 图 4-14　欧几里得算法流程

近似最大公因子问题是最大公因子问题的扩展，该问题在结果上增加了一点点噪声，这使得解决问题的难度大大增加。该问题定义为：给定一组形如 $x_i = q_i \cdot p + r_i$ 的等式，其中 q_i，p，$r_i \in Z$，并且 q_i 和 r_i 是从某个分布中随机选取的，要求求出 p。这个问题中往往要求 r_i 远远小于 p，同时 p 远远小于 q_i，否则无法借助该问题构建加密方案。通常 r_i 取自离散高斯分布。该问题的形式如图 4-15 所示。

$$x_1 = q_1 \cdot p + r_1$$
$$x_2 = q_2 \cdot p + r_2$$
$$\vdots$$
$$x_m = q_m \cdot p + r_m$$

● 图 4-15　近似最大公因子问题

目前尚没有已公开的方法能够在多项式时间内解决近似最大公因子问题。另一方面，可以证明攻破 DGHV 算法相当于解决近似最大公因子问题，这也就侧面证明了 DGHV 算法的安全性。

4.3.2 整数上部分同态加密

本方案需要使用下述几个参数。

- γ 是公钥中整数的比特长度。
- η 是私钥的比特长度。
- ρ 是噪声整数的比特长度。
- τ 是公钥中整数的个数。

上述参数之间应该满足如下关系。

- $\rho = \omega(\log \lambda)$，以满足对抗噪声暴力破解攻击的需要。
- $\eta >= \rho \cdot \Theta(\lambda \log_2 \lambda)$，支持足够深度的电路同态性。
- $\gamma = \omega(\eta^2 \log \lambda)$，防护系统免受各种基于格的攻击于段实现近似最大公因子攻击。
- $\tau >= \gamma + \omega(\log \lambda)$，用于使用安全性归约。

此处参考文献 [35] 设定参数值为：$\lambda = 42$，$\rho = 27$，$\eta = 1026$，$\tau = 158000$，$\gamma = 150000$。

算法 **4.7** DGHV 部分同态加密算法由下述 4 个过程组成。

1）密钥生成 KeyGen($\boldsymbol{\lambda}$) $\rightarrow$ (pk, sk)。输入安全参数向量 $\boldsymbol{\lambda}$，输出密钥对 (pk, sk)。伪代码流程如下：

```
KeyGen(λ)
{
    p ← i[2^{η-1},2^η) 区间随机选取奇整数;
    do
    {
        for (j=0,j<=τ;j++)
        {
        从概率分布 D_{γ,ρ}(p) 抽取随机值 x_i;
        }
        把 x_0,x_1,…,x_τ 从大到小排序,并重新赋予下标,使得 x_0 是其中最大元素;
    }
    while(x_0 为偶数或 x_0 mod p 是奇数);
    sk ← p;
    pk← (x_0,x_1,…,x_τ);
    return (pk, sk);
}
```

其中概率分布 $D_{\gamma,\rho}(p)$ 定义为：

$$D_{\gamma,\rho}(p) = \left\{ q \leftarrow Z \cap [0, 2^\gamma/p), r \leftarrow Z \cap (-2^\rho, 2^\rho) : x = pq + r \right\}$$

2）加密过程 $\mathrm{Enc}(pk, m) \rightarrow c$。输入参数中 m 为明文消息，是 1 个比特的数据，pk 为公钥，输出密文 c。伪代码流程如下：

```
Enc(pk,m)
{
    在(-2ᵖ,2ᵖ)区间选择随机整数 r;
    在公钥{x₀,x₁,…,xᵧ}中随机选择子集合 S,记为 S={x⁽¹⁾,x⁽²⁾,…,x⁽ᵗ⁾};
    c← m+2r+2x⁽¹⁾+2x⁽²⁾+…+ 2x⁽ᵗ⁾;
    c ← c mod x₀;
    return c;
}
```

3）解密过程 $\mathrm{Decrypt}(sk, c) \rightarrow m$。输入私钥 $sk = p$ 和密文 c，输出明文 m。伪代码流程如下：

```
Dec(sk,c)
{
    m ← c mod sk;
    m ← m mod 2;
    return m;
}
```

4）密文演算运算 $\mathrm{Evaluate}(pk, C, c_1, \cdots, c_t) \rightarrow m$。该算法在密文 c_1，$\cdots$，c_t 上执行算术电路 C，并保持同态性。此处算术电路由算术加法门和算术乘法门组成。

1. 算法加解密的正确性

可以看到解密等式为 $m = (c \bmod p) \bmod 2$，对密文 c 做了两次取模运算，先对私钥 p 取模，再对 2 取模。再看 c 是怎么计算出来的，$c = (m + 2r + 2x^{(1)} + 2x^{(2)} + \cdots + 2x^{(t)}) \bmod x_0 = m + 2r + 2x^{(1)} + 2x^{(2)} + \cdots + 2x^{(t)} + x_0 h$，其中 h 是正整数。

由于 $x^{(1)}$，$\cdots$，$x^{(t)}$ 都取自 $D_{\gamma,\rho}(p)$ 分布，因此 $2x^{(1)} \bmod p$，$\cdots$，$2x^{(t)} \bmod p$ 均为较小的偶数，而同时根据定义可知 $x_0 \bmod p$ 也是偶数，因此解密计算过程可以如图 4-16 所示进行分解。

$$c = m + 2r + 2x^{(1)} + 2x^{(2)} + \cdots + 2x^{(t)} + x_0 h$$

$$\downarrow \text{模 } p$$

$$c \bmod p = m + 2r + \text{偶数}$$

$$\downarrow \text{模 } 2$$

$$c \bmod p \bmod 2 = m$$

●图 4-16 解密过程步骤

2. 优化： 密文压缩

DGHV 算法有一个很大的缺点是密文的长度太长，一般来说，使用推荐参数后密文的长度高达 $\theta(\lambda^5)$ 比特，这在传输和存储时很不方便。这里介绍一种密文压缩的方法，对密文的尺寸进行优化，改善通信和存储效率。

但是用密文压缩也有代价，经过压缩后的密文无法进行密文运算，也就是说只有在经过密文运算的最终版密文上才能应用密文压缩优化技术。

选取一个群 G，以及群中的一个元素 $g \in G$，且 g 的阶数是私钥 p 的倍数。那么给定密文 c，对密文 c 的压缩操作为群内计算幂运算：$c^* \leftarrow g^c$，则 c^* 是 c 经过压缩后的密文。对应的给定压缩密文后 c^*，解密过程如图 4-17 所示：

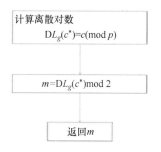

● 图 4-17　密文压缩后的解密过程

要实现上述密文压缩，必须使得在 G 群中求 g 的离散对数很容易实现，这可以将 p 设置为多个小素数的乘积实现。

4.3.3　DGHV 全同态加密算法

上一节的算法没有考虑同态性，现在将其转化为全同态加密算法。

遵循前面 4.1 节的思想，分析如何改进使得算法 4.7 能够自举（Bootstrappable），从而实现全同态。

首先注意到，只要噪声的大小不要超过 $2^{\eta-2} < p/2$ 就能够成功解密。由 Encrypt 过程输出的新鲜密文的噪声不超过 $2^{2\rho+2}$，根据三角不等式，k-扇入的加法运算最多把噪声放大 k 倍，而 2-扇入的乘法运算则导致噪声平方的扩张。显然一个电路能否自举成功，关键在于其乘法电路门的深度。

基于 Gentry 方案的启发，看一下解密等式

$$m = c \bmod sk \bmod 2$$

其内层取模 $c \bmod sk = c - p(c/sk)$，至少要一次乘法和多次加法，很可能导致噪声超过限度，使得解密过程失效。为了实现全同态加密，应用 4.1.2 节介绍的解密电路"碾碎"

技巧来处理一下。

增加一个集合 $y=\{y_1,y_2,\cdots,y_\Theta\}$，其中 $y_i(i=1,2,\cdots,\Theta)$ 是大于 0 小于 2 的有理数，具有 k 比特的精度，满足存在一个稀疏的下标矩阵 $S\subset\{1,2,\cdots,\Theta\}$ 使得：

$$\sum_{i\in S} y_i \approx 1/p\,(\bmod\,2)$$

这样可以成功地将除以 p 的操作转化为对多个 y_i 的求和操作，从而进一步降低了电路复杂度。具体的算法描述如下。

算法 4.8 DGHV 全同态加密算法由下述几个过程组成。

1）密钥生成 $\mathrm{KeyGen}(\boldsymbol{\lambda})\to(pk,sk)$。输入安全参数向量 $\boldsymbol{\lambda}$，输出密钥对 (pk,sk)。伪代码流程如下：

```
KeyGen(λ)
{
    p ← 从 [2^{η-1},2^η] 区间随机选取奇整数;
    do
    {
        for (j = 0,τ <= 0;j ++)
        {
        从概率分布 D_{γ,ρ}(p) 抽取随机值 x_i;
        }
        把 x_0,x_1,…,x_τ 从大到小排序,并重新赋予下标,使得 x_0 是其中最大元素;
    }
    while(x_0 为偶数或 x_0 mod p 是奇数);
    随机选择一个 Θ 维的比特向量 s = (s_1,…,s_Θ),其中 θ 个分量为 1,Θ-θ 个分量为 0;
    S ← {i: s_i = 1};
    x_p ← [2^k/p];
    for( i = 1;i <= Θ;i++)
    {
      随机生成 u_i 为 [0,2^{k+1}) 区间的整数;
    }
    随机选取 i∈S,修改 u_i 使得满足 ∑_{i∈S} u_i = x_p mod 2^{k+1};
    for( i = 1;i <= Θ;i++)
    {
      y_i = u_i / 2^k;
    }
    y ← { y_1,…,y_Θ };
    sk ← s;
    pk← ((x_0,x_1,…,x_τ),y);
```

```
        return (pk, sk);

    }
```

其中，概率分布 $D_{\gamma,\rho}(p)$ 的定义和部分同态加密算法中一致。

2）加密过程 $\text{Enc}(pk,m) \to c$。输入参数中 m 为明文消息，是 1 个比特的数据，pk 为公钥，输出密文 c。伪代码流程如下：

```
Enc(pk,m)
{
    在(-2ᵖ,2ᵖ)区间选择随机整数 r；

    在公钥{x₀,x₁,…,xτ}中随机选择子集合 S,记为 S={x⁽¹⁾,x⁽²⁾,…,x⁽ᵗ⁾}；

    c₁← m+2r+2x⁽¹⁾+2x⁽²⁾+…+ 2x⁽ᵗ⁾；

    c₂← c₁ mod x₀；

    for( i = 1;i <= Θ;i++)
    {
        zᵢ←[c₂ · yᵢ]；
    }
    z ← (z₁,…,z_Θ)；

    c ← (c₂,z)；

    return c；

}
```

3）解密过程 $\text{Decrypt}(sk, c) \to m$。输入私钥 $sk = s$ 和密文 c，其中 $c = (c_2, z)$，输出明文 m。伪代码流程如下：

```
Dec(sk,c)
{
    m ← c₂；
    for( i = 1;i <= Θ;i++)
    {
        if (sᵢ = 1)
            m ← m-zᵢ；
    }
    m ← m mod 2；
    return m；

}
```

密文演算运算 $\text{Evaluate}(pk, C, c_1, \cdots, c_t) \to m$。该算法在密文 c_1，$\cdots$，c_t 上执行算术电路 C，并保持同态性。此处算术电路由算术加法门和算术乘法门组成。和加密电路一样，要计算 z 向量。

4.3.4 GmPy2 库

下一节的算法实现中使用了 Python 的 GmPy2 库。GmPy2 库是使用 C 语言编写的 Python 扩展模块，支持多精度算术，本节先对该库进行简要介绍。

1. 简单用法

GmPy2 库最常用的数据类型是 mpz 类型，它兼容 Python 内建的整型/长整型，但处理速度比后者要快得多，所以非常适合用于多精度算术。下面的例子演示了整数乘法、计算最大公因子（GCD）以及最小公倍数（LCM）。

使用下述代码来验证 gcd 函数、lcm 函数的效果：

```
import gmpy2
print(gmpy2.gcd(456, 978))
print(gmpy2.lcm(24, 88))
```

上述代码中两条输出语句的输出结果为：

```
6
264
```

很容易验证结果的正确性，即整数 456 和 978 的最大公约数为 6，整数 24 和 88 的最小公倍数为 264。

表示分数可以使用 mpq 类型，和 Python 的分数类型之间可以互相转化。下面的代码演示了分数的乘法和除法：

```
a = gmpy2.mpq(3, 11)
b = a/5
print(a)
print(b)
print(gmpy2.mpq(4, 9)* gmpy2.mpq(13, 8))
```

三条输出语句输出的结果分别为：

```
3/11
3/55
13/18
```

GmPy2 最引人注目的是对任意精度实数和复数的处理，这是基于 MPFR 库和 MPC 库实现的，在 GmPy2 模块中定义了 mpfr 和 mpfc 类型分别处理实数和复数。使用下述代码来观察 GmPy2 对象的上下文设置：

```
import gmpy2
print(gmpy2.get_context())
```

输出为：

```
context(precision=53, real_prec=Default, imag_prec=Default,
        round=RoundToNearest, real_round=Default, imag_round=Default,
        emax=1073741823, emin=-1073741823,
        subnormalize=False,
        trap_underflow=False, underflow=False,
        trap_overflow=False, overflow=False,
        trap_inexact=False, inexact=False,
        trap_invalid=False, invalid=False,
        trap_erange=False, erange=False,
        trap_divzero=False, divzero=False,
        allow_complex=False,
        rational_division=False,
        allow_release_gil=False)
```

定义了一系列的上下文属性，可以注意到其中浮点数的精度为 53 比特。下面通过代码观察一下同一个实数在不同精度下的表示：

```
print(gmpy2.mpfr(3)/11)
gmpy2.get_context().precision = 100
print(gmpy2.mpfr(3)/11)
```

输出结果如下，体现了精度为 53 比特和 100 比特两种情况下实数 3/11 的不同表示：

```
0.27272727272727271
0.27272727272727272727272727272745
```

下面的例子演示了除以 0 的结果是返回' inf '，对 -2 开平方根返回' nan '，以及输出不同位数的圆周率 π 的情况。代码如下：

```
print(gmpy2.mpfr(1)/0)
print(gmpy2.sqrt(gmpy2.mpfr(-2)))
with gmpy2.get_context() as ctx:
    print(gmpy2.const_pi())
    ctx.precision+= 20
    print(gmpy2.const_pi())
    ctx.precision+= 20
    print(gmpy2.const_pi())
```

输出为：

```
inf
nan
3.1415926535897932384626433832793
```

```
3.14159265358979323846264338327950028847
3.14159265358979323846264338327950028844197169
```

2. 多精度整数的处理

在 GmPy2 库中，常见的多精度整数处理函数有很多，这里只介绍其中的几个，其他的函数用法请参考官方文档。

1）c_div（ ）实现整数除法，结果为向上取整后的整数。

2）c_divmod（ ）实现除法，并返回商和余数，其中余数一般和除数具有相反的正负号。

3）fac（ ）计算阶乘。

4）gcdext（ ）计算最大公因子，并返回使用欧几里得算法求出的组合系数。

5）invert（ ）计算模乘运算的逆。

6）iroot（ ）计算开 n 次根。

7）is_prime（ ）判断一个整数是否为素数。

8）digits（ ）输出一个整数的任意进制表示。

下面的代码展示了 c_div、c_divmod、fac、gcdext 这 4 个函数的用法：

```
import gmpy2
print(gmpy2.c_div(5,2))
print(gmpy2.c_div(12,5))
print(gmpy2.c_divmod(5,2))
print(gmpy2.c_divmod(12,5))
print(gmpy2.c_divmod(99,12))
print(gmpy2.fac(5))
print(gmpy2.fac(3))
print(gmpy2.fac(10))
print(gmpy2.gcdext(7,13))
print(gmpy2.gcdext(15,123))
```

代码的输出结果为：

```
3
3
(mpz(3), mpz(-1))
(mpz(3), mpz(-3))
(mpz(9), mpz(-9))
120
6
3628800
```

```
(mpz(1), mpz(2), mpz(-1))
(mpz(3), mpz(-8), mpz(1))
```

可以看到 c_div 的结果都向上取整了，因为 5/2 = 2.5，12/5 = 2.4，但是 c_div（5，2）= 3 且 c_div（12，5）= 3。c_divmod 的结果有商和余数，并且余数是负数，比如，c_divmod(5,2) =（3,-1），因为 5/2 = 3 余-1；c_divmod(12,5) =（3,-3），因为 12/5 = 3 余-3；c_divmod(99,12) =（9,-9），因为 99/12 = 9 余-9。阶乘函数 fac 比较容易验证，fac（5）= 5! = 5×4×3×2×1 = 120；fac(3) = 3! = 3×2×1 = 120；fac(10) = 10! = 10×9×8×7×6×5×4×3×2×1 = 3628800。

欧几里得函数 gcdext 能够计算最大公因子和根据欧几里得算法得出的系数，gcdext(7，13) =（1,2,-1），因为 7 和 13 的最大公约数是 1，并且 1 = 7×2+13×(-1)；gcdext(15，123) =（3,-8,1），因为 15 和 123 的最大公约数是 3，并且 3 = 15×（-8）+123×1。

下面的代码展示了 invert 函数的功能：

```
print(gmpy2.invert(7, 89))
```

输出结果为：

```
51
```

这个函数的功能是求出模逆的值，如 invert(7,89) = 51，因为 51 是 7 模 89 的逆，即 7×51 = 1 mod 89。

这个函数在密码学中非常有用，比如，RSA 算法的密钥对中公钥和私钥是一对模逆。举例来说，要生成一个 RSA 密码体制，首先要选取两个大素数 p 和 q，然后计算 $n = p×q$，以及欧拉函数 phi(n) =（$p-1$）×（$q-1$），然后生成密钥对 pk 和 sk，先随机生成其中任何一个，然后可以用 invert 函数生成另外一个。Python 代码如下：

```
1   import numpy as np
2   import gmpy2
3   prng = np.random.RandomState(123456789)
4   q = gmpy2.next_prime(prng.randint(0,2* * 32))
5   p = gmpy2.next_prime(prng.randint(0,2* * 32))
6   print("p 等于:", p)
7   print("q 等于:",q)
8   n = p* q
9   print("n 等于:",n)
10  phi = (p-1)* (q-1)
11  print("欧拉函数 phi(n)等于:", phi)
12  print("开始计算密钥...")
13  pk = gmpy2.next_prime(prng.randint(0,2* * 32))
```

```
14    sk = gmpy2.invert(pk, phi)
15    print("密钥计算完毕.")
16    print("公钥 pk 等于:", pk)
17    print("私钥 sk 等于:", sk)
```

第 3~9 行代码计算了 4 个参数 p、q、n、phi，其中 phi 是欧拉函数值；第 13 行代码计算 sk 的过程使用了 invert 函数，参数是 pk 和 phi，这说明 sk 和 pk 是互为模 phi 的逆。

上述代码执行的效果如图 4-18 所示。

```
                                    :~$ python3 rsa_test.py
p等于: 4254805669
q等于:  2288500477
n等于:  9737124803048804113
欧拉函数pht(n)等于: 9737124796505497968
开始计算密钥...
密钥计算完毕.
公钥pk等于:  2294099251
私钥sk等于:  1628243673336664843
```

● 图 4-18　RSA 算法使用 invert 函数效果示例

下一个要介绍的是 iroot 函数，其作用是开多次方根，返回结果是一个向下取整的整数，如果该整数恰好是根，还返回一个"True"值，否则会返回一个"False"值。下述代码展示了其效果：

```
print(gmpy2.iroot(8,3))
print(gmpy2.iroot(1000,3))
print(gmpy2.iroot(9,3))
print(gmpy2.iroot(1018,3))
```

输出结果为：

```
(mpz(2), True)
(mpz(10), True)
(mpz(2), False)
(mpz(10), False)
```

容易验证，8 的 3 次方根正好等于 2，1000 的 3 次方根等于 10，而 9 的 3 次方根应该是略大于 2 的一个实数，1018 的 3 次方根略大于 10。

接下来介绍两个函数，is_prime 函数判断输入的整数是否为素数。67345435457 不是素数，而 $2^{16}+1$ 是素数；digits 函数则输出给定整数的给定位制表示。下列代码展示两个函数的用法，整数 45 表示成 16 进制为 2d，表示成二进制为 101101，表示成 8 进制为 55。

```
print(gmpy2.is_prime(67345435457))
print(gmpy2.is_prime(2**16+1))
print(gmpy2.digits(45,16))
print(gmpy2.digits(45,2))
print(gmpy2.digits(45,8))
```

输出结果为：

```
False
True
2d
101101
55
```

4.3.5 算法实现

本节介绍的 DGHV 算法实现参考了 https：//github.com/jkwoods/PythonFHE 中提到的各个过程，并给出了测试结果。

1. 核心代码

```python
class Pk(object):
    def _init_(self, key_size):
        # 定义算法的参数默认值
        self.lam = 42
        self.rho = 26
        self.eta = 988
        self.gam = 290000
        self.Theta = 150
        self.alpha = 936
        self.tau = 188
        self.l = 1      #l 的取值决定了明文的长度,这里 l=1 定义明文为 1 个比特
        #根据参数的取值来分别设定不同的参数值
        if (key_size==-1):
            self.lam = mpz(12)
            self.rho = mpz(26)
            self.eta = mpz(1988)
            self.gam = mpz(147456)
            self.Theta = 150
            self.alpha = mpz(936)
            self.tau = 188
            self.l = 1
        elif (key_size==0):
            print("Making toy key")
            self.lam = mpz(42)
            self.rho = mpz(26)
            self.eta = mpz(988)
```

```
            self.gam = mpz(290000)
            self.Theta = 150
            self.alpha = mpz(936)
            self.tau = 188
            self.l = 10
        elif(key_size==1):
            print("making small key")
            self.lam = mpz(52)
            self.rho = mpz(41)
            self.eta = mpz(1558)
            self.gam = mpz(1600000)
            self.Theta = 555
            self.alpha = mpz(1476)
            self.tau = 661
            self.l = 37
        elif (key_size==2):
            print("making medium key")
            self.lam = mpz(62)
            self.rho = mpz(56)
            self.eta = mpz(2128)
            self.gam = mpz(8500000)
            self.Theta = 2070
            self.alpha = mpz(2016)
            self.tau = 2410
            self.l = 138
        elif (size == 3):
            self.lam = mpz(72)
            self.rho = mpz(71)
            self.eta = mpz(2698)
            self.gam = mpz(39000000)
            self.Theta = 7965
            self.alpha = mpz(2556)
            self.tau = 8713
            self.l = 531

        self.alphai = self.lam+self.alpha
        self.rhoi = self.lam+self.alpha
        self.n = 4;
        self.kap = 64* (self.gam//64+1)-1
        self.log = round(math.log2(self.l))
```

```
        self.theta = self.Theta//self.l
        self.rhoi = self.rho
        self.alphai = self.alpha
        self.rgen = Rand()


        self.p = np.array([random_prime(2** (self.eta-1), 2** self.eta) for i in range
(self.l)])
        self.pi = reduce(operator.mul, self.p)
        self.pdiv = [self.pi // p for p in self.p]
        self.q0 = (2* * self.gam)


        #生成足够小的两个素数的乘积
        i = 0
        while (self.q0 > (2* * self.gam)//self.pi):
            q0prime1 = random_prime(0, 2** (self.lam** 2))
            q0prime2 = random_prime(0, 2** (self.lam** 2))
            i = i+2
    self.q0 = q0prime1* q0prime2


        self.x0=self.pi* self.q0
        self.x_seed = random.randint(2, 2* * 30)
        self.xi_seed = random.randint(2, 2* * 30)
        self.ii_seed = random.randint(2, 2* * 30)
        #中国剩余定理计算
        self.x_deltas = make_deltas(self,self.tau,self.rhoi-1,self.x_seed,0)
    self.xi_deltas = make_deltas(self,self.l,self.rho,self.xi_seed,1)
    self.ii_deltas = make_deltas(self,self.l,self.rho,self.ii_seed,2)
    self.B=self.Theta//self.theta
    self.s = [[0 for j in range(self.Theta)]for k in range(self.l)]


for j in range(self.l):
    sj = []
    for t in range(self.theta):
        if (t==0): #if s[j][j]is in it
            fill = [0 for i in range(self.B)]
            fill[j]= 1
            sj = sj+fill
        else:
            fill = [0 for i in range(self.B)]
            sj = sj+fill
```

```
                self.s[j] = sj

        for t in range(1,self.theta):
            sri = random.sample(range(0, self.B), self.l)
            for j in range(self.l):
                k = (self.B* t)+sri[j]
                self.s[j][k] = 1

        self.verts = [[0 for j in range(self.l)]for k in range(self.Theta)]

        for i in range(self.Theta):
            for j in range(self.l):
                self.verts[i][j] = self.s[j][i]
        self.u_seed = random.randint(2, 2* * 30)
        self.o_seed = random.randint(2, 2* * 30)
        self.u_front = make_u_front(self, self.u_seed) #make future TODO
        self.o_deltas = make_deltas(self,self.Theta,self.rho,self.o_seed,3)
    #定义加密函数
    def encrypt(self,m):
        b = [self.rgen.random_element(-2* * self.alpha,2* * self.alpha) for i in range
(self.tau)]
        bi = [self.rgen.random_element(-2* * self.alphai,2* * self.alphai) for i in range
(self.l)]
        x = [c-d for c,d in zip(self.rgen.make_pri(self.x0,self.tau,self.x_seed),self.x_
deltas)]
        xi = [c-d for c,d in zip(self.rgen.make_pri(self.x0,self.l,self.xi_seed),self.xi
_deltas)]
        ii = [c-d for c,d in zip(self.rgen.make_pri(self.x0,self.l,self.ii_seed),self.ii
_deltas)]
        m_xi = [mj* xij for mj,xij in zip(m,xi)]
        bi_ii = [bij* iij for bij,iij in zip(bi,ii)]
        b_x = [bj* xj for bj,xj in zip(b,x)]
        big_sum = sum(m_xi)+sum(bi_ii)+sum(b_x)
        c = modNear(big_sum,self.x0)
        return c


    #定义解密函数,密文加法、减法、乘法等函数
    def decrypt(self,c):
        return [int(mod(modNear(c,self.p[i]),2)) for i in range(self.l)]
```

```
    def add(self,c1,c2):

        return mod(c1+c2,self.x0)


    def sub(self,c1,c2):

        return mod(c1-c2,self.x0)


    def mult(self,c1,c2):

        return mod(c1* c2,self.x0)
```

#定义 recrypt 函数,实现自举

```
    def recrypt(self,c):

        u_draft = self.rgen.make_pri(2* * (self.kap+1),self.Theta,self.u_seed)

        u = self.u_front+u_draft[self.l:]

        y = [frac1(ui,self.kap,c) for ui in u]

        z = [frac2(yi) for yi in y]

        z1 = [round3(zi) for zi in z]

        zbin = [toBinary(zi,self.n+1) for zi in z1]

    o=[c-d for c,d in zip(self.rgen.mak_pri(self.x0,self.Theta,self.o_seed), self.o_

deltas )]

        li = [arraymult(ski,cei) for ski,cei in zip(o,zbin)]

        Q_adds = [0 for i in range(self.n+1)]

        for t in range(self.Theta):

            Q_adds = sumBinary(Q_adds,li[t])

        rounded = Q_adds[-1]+ Q_adds[-2]#"round"

        final = rounded+(c & 1)

        return final
```

这里只列举出了实现主要功能的部分代码,供读者参考。如果要实现完整代码可以参考 https://github.com/jkwoods/PythonFHE 中的具体实现,并根据需要进行改动。

2. 测试结果

使用简单的参数对上述实现的算法进行测试,测试结果的截图如图 4-19 所示。在测试用例中,选取两个明文 $m1$ 和 $m2$ 分别等于 1 和 0,然后测试加密、解密、密文运算等操作。可以看到 1 比特的明文加密后密文膨胀为一个较大的数,密文膨胀过快也是导致 DGHV 同态加密算法不太实用的原因之一。同时,从测试中可以看到,算法的密文同态加法和乘法运算结果符合预期。

```
                               :~/Downloads/PythonFHE-dask2$ python3 test_DGHV.py
明文m1为: [1]
明文m2为: [0]
加密m1和m2...
加密完毕
密文c1为: 11160603827945277537746114343094426206442194668647829450497045415529129467300
249611947674534466348304267996149477559159460780961586608935265038108509093121394308
0371359823432810713963018390996255089469181201316215080271846348378007963969925504041
6734806778497657672708572793688703150037510888250818718385710532725319212217960329847
6948133432432384155660637734551815496812263727783617372802286788433003908519394493178
4012092157365560500565093356718441440340429739863826000876890941900641506797810224344
8315575066601049535073211204259718388864540951280284154178023840499559571597016550421
6984476292390432123781997525394256591036667964150152496343329593849444430961469935345
3974281293050115835
密文c2为: 19148542384707791228503165226376514055110282722308218478932789010225402139679
6910368468984970795186719608352536425689037838155131526625621001650074979872670457181
0256362986536766525691962057326294009953717063129371558696987010746276187324558223223
1139293222638347347960115269343469037474469438591441167995635591966285934526130352205
9248930033587511686784977153314189588561147172158090634050947084257302340888251644897
5380835857383344868217512755704278901476800258705746129845185645542200334465391304292
2369900764709451974006404074080495022938809116114393881673172675686575501768843007377
1026672506746221614563863427761732970747142250727527061039915068150414353362261114951
5490115835
密文c1的解密结果为: [1]
密文c2的解密结果为: [0]
计算密文相乘c1*c2和密文相加c1+c2.....
计算完毕
密文相乘c1*c2解密结果为: [0]
密文相加c1+c2解密结果为: [1]
计算c1+c1, c2+c2, c1*c1, c1*c1.....
计算完毕
密文相加c1+c1解密结果为: [0] 密文相加c2+c2解密结果为: [0]
密文相乘c1*c1解密结果为: [1] 密文相乘c2*c2解密结果为: [0]
```

● 图 4-19　对 DGHV 实现的测试结果截图

4.3.6　对 DGHV 算法的改进

整数上的全同态加密方案最大的好处在于方便理解，虽然都是通过重加密技术实现全同态加密，但是 DGHV 方案远比 Gentry 的第一个全同态加密方案容易理解和实现。所以在 DGHV 方案提出以后，很多人都尝试对该方案进行改进，尝试了各方面的改进。从加密过程和解密过程可以看出，主要的瓶颈是公钥和模数过于庞大，比如，公钥 $pk = (x_0, x_1, \cdots, x_\tau)$，因此 DGHV 算法改进的方向集中在公钥和模数上。

在 2011 年国际密码学会会议上，Coron 等人提出一种二次型公钥压缩技术方案，使用二次型生成公钥整数，通过合适的参数选取，将公钥的长度大幅压缩。二次公钥压缩方案的语义安全性建立在一个较为严格的安全假设上，即无干扰的近似最大公因子问题，对于该难题不可解的相关证明文献中已经有比较确定的结论：相比于近似最大公因子问题，无干扰的近似最大公因子问题的安全性并未减弱。

1. 思想

此种改进方法背后的思想是：初始时只生成公钥的一部分信息，在公钥使用的过程中动态地将所需的数据完整生成。这样只需要存储少量的公钥信息就可以满足方案所需。

具体说来，原方案中公钥由集合 $\{x_0, x_1, \cdots, x_\tau\}$ 组成，共 $\tau+1$ 个参数，其中每个 x_i ($i = 0, 1, \cdots, \tau$) 为 γ 比特，因此总共有 $\tau\gamma$ 比特的存储量。

为了降低公钥存储的信息，使用整数 $x'_{i,j}$ 来代替原公钥集合中的元素，其中 $x'_{i,j} = x_{i,0} \cdot x_{j,1} \bmod x_0$，这里使用了另一个参数 $\beta = \sqrt{\tau}$，只需要存储 2β 个参数就可以组合生成 τ 个公钥集合元素。这个效果如图 4-20 所示。

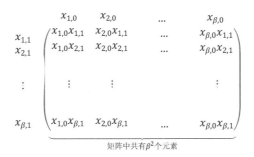

• 图 4-20　改进方案需要存储的公钥信息大大减少

改进方案使用的另一个技巧是：加密过程中进行公钥集合中元素线性组合并不是使用 0 或 1 作为系数，而是使用区间 $[0, 2^\alpha)$ 内的整数作为系数，这样可以进一步降低公钥的尺寸。

2. 改进后的同态加密方案

改进后方案的参数和原 DGHV 方案的参数一致，额外多了一个参数 β，令 $\beta = \sqrt{\tau}$，用于控制公钥大小。

算法 4.9　DGHV 改进算法由下述 4 个过程组成。

1）密钥生成 $\text{KeyGen}(\boldsymbol{\lambda}) \to (pk, sk)$。输入安全参数向量 $\boldsymbol{\lambda}$，输出密钥对 (pk, sk)。伪代码流程如下：

```
KeyGen(λ)
{
    p ← 从[2^{η-1}, 2^η)区间随机选取奇素数;
    q_0 ← 从[0, 2^γ/p)区间随机选取非平方整数,且不包含比 2^λ 小的素因子;
    x_0 ← q_0 · p;
    for(b=0;b<=1;b++)
    {
        for(i=0;i<=β;i++)
        {
```

```
        q_{i,b} ← 取自 [0, q_0) 区间的随机整数;

        r_{i,b} ← 取自 (-2^p, 2^p) 区间的离散正态分布整数;

        x_{i,b} ← p·q_{i,b} + r_{i,b};

        }

    }

    sk ← p;

    pk ← (x_0, x_{1,0}, x_{1,1}, …, x_{β,0}, x_{β,1});

    return (pk, sk);

}
```

2）加密过程 $Enc(pk, m) \to c$。输入参数中 m 为明文消息，是 1 个比特的数据，pk 为公钥，输出密文 c。伪代码流程如下：

```
Enc(pk,m)

{

    生成一个随机向量 b = (b_{i,j}), 1 <= i <= β, 1 <= j <= β, 向量的维度为 β2, 每个分量取自 [0, 2^α) 内的整数;

    在 (-2^p, 2^p) 区间选择随机整数 r;

    c ← m + 2r + 2∑_{1≤i,j≤β} b_{i,j}·x_{i,0}·x_{j,1};

    c ← c mod x_0;

    return c;

}
```

3）解密过程 $Decrypt(sk, c) \to m$。输入私钥 $sk = p$ 和密文 c，输出明文 m。伪代码流程如下：

```
Dec(sk,c)

{

    m ← c mod sk;

    m ← m mod 2;

return m;

}
```

4）密文演算运算 $Evaluate(pk, C, c_1, \cdots, c_t) \to m$。该算法在密文 c_1，$\cdots$，c_t 上执行算术电路 C，并保持同态性。此外算术电路由算术加法门和算术乘法门组成。

3. 实现

为了验证对性能的改进，文献 [36] 进行了详尽的实验，选取了多组参数以达到不同的安全级别，参数设置如表 4-1 所示。

表4-1　参数设置

系统规模	λ	ρ	η	γ	β	Θ
入门	42	16	1088	$1.6 \cdot 10^5$	12	144
小型	52	24	1632	$8.6 \cdot 10^5$	23	533
中型	62	32	2176	$4.2 \cdot 10^6$	44	1972
大型	72	39	2652	$1.9 \cdot 10^7$	88	7897

表4-1中，系统规模是通过安全参数 λ 来定义的，比如， λ = 52 指的是 52 比特的安全性。表中定义的最高级别大型系统适用的是 72 比特的安全性。

使用 Sage4.5.3 软件包和 GMP4.3.2 软件包、Intel Core Duo E8500 单核 CPU、主频为 3.12GHz 进行实验。最后的实验效果如表 4-2 所示。

表4-2　实验效果

系统规模	密钥生成	加密	解密	自举	公钥大小
入门	4.38s	0.05s	0.01s	1.92s	0.95MB
小型	36s	0.79s	0.01s	10.5s	9.6MB
中型	5min9s	10s	0.02s	1min20s	89MB
大型	43min	2min57s	0.05s	14min33s	802MB

4.4　浮点数全同态加密算法

实际场景中数据的误差无处不在，举例来说，数量测量时存在观测误差、数据统计时存在抽样误差。在通过计算机进行数据处理的过程中，往往会把数据离散化为近似值，这样才能在计算机中使用有限的位数来表示，如采用浮点数或定点数表示数据。

此时为了保证近似值可以替代原始数据，需要确保较小的舍入误差对计算结果没有太大影响。为了提高近似算法的效率，通常会存储一些有效位数（如最高有效位，MSB），并在它们之间执行算术运算，而忽略掉低有效位。计算结果应通过删除一些不准确的最低有效位（LSB）再次四舍五入，以保持有效位（尾数）的位大小。

目前大部分的同态加密方案建立在离散空间（例如，有限域、有限的交换环）的精确算术运算之上，因此在处理现实中的大量实数（计算机中用浮点数表示）运算，以及带有舍入的一些运算时并不适应。

具体来说，逐比特加密的方案能够通过使用自举电路同态地演化布尔电路，但这就意味着要完成一个电路门的同态演算需要执行一个很深的电路（因为自举过程需要执行完整的解密），这会导致密文的极大膨胀；另一方面，算术电路同态加密方案可以在一个密文中同时加密多个高精度数字，但舍入操作很难同态执行。

来自韩国的研究人员 Cheon J H、Kim A、Kim M、Song Y 提出了一个适用于近似数字算术的同态加密方案，称为 CKKS 方案。该方案基于 RLWE 问题构建，其主要思想是把加密误差看作近似计算过程中发生的计算误差的一部分。当使用私钥 sk 解密以恢复明文消息 m 时，解密算法会输出 $m+e$，其中 e 是一个很小的误差值，在 CKKS 算法中会通过舍入的方法将该误差排除。

后面会看到，CKKS 算法的主要优势在于，控制密文大小重缩放过程的效率很高且效果很好。该过程将密文截取至更小模数处理的规模，进而产生加密明文的一次近似的舍入操作，能够实现密文模数随着电路深度的线性增长，而不是（类似于之前 FHE 方案中）指数级的增长。同时 CKKS 算法还有一个优势在于使用了独特的"密文打包"策略，实现了在一个密文内并行处理多个数据的效果。

不过 CKKS 算法同时也是一种层次型的同态加密方案，只能够执行固定深度电路的密文同态运算，随着同态运算次数的增多，密文模数会不断减小，直至因为过小而无法承载进一步的运算。

4.4.1　CKKS 算法的设计思想

CKKS 算法最重要的思想是，把 RLWE 问题的噪声看作是近似计算产生的误差，因此算法的目标是做近似计算。这并不偏离需求，因为现实生活中大部分运算面对的是实数（复数），而实数（复数）的运算往往只需要保留一部分有效数字即可。此外，允许误差、放宽准确性的限制，使得 CKKS 对比于其他基于 LWE/RLWE 难题的同态方案，细节有了较大的简化，计算效率也有了很大提升。

完整的 CKKS 算法方案包括编码、解码、加密、解密、同态运算等流程，它们之间的联系如图 4-21 所示。

编码和解码的作用是实现消息（Message）空间和明文（Plaintext）空间之间的映射，因为 CKKS 算法以 $C^{N/2}$ 作为消息空间，这样做的好处首先是消息可以存储 N 个浮点数，其次这 N 个浮点数能方便地实现并行处理。

在密文同态运算过程中需要使用缩放，缩放的作用是解决密文乘法导致的密文规模增长问题。在进行同态运算之前把密文放大，运算之后把密文缩小，能够很有效地降低结果密文的噪声值，其效果如图 4-22 所示。

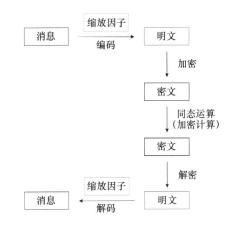

● 图 4-21　CKKS 方案组成部分

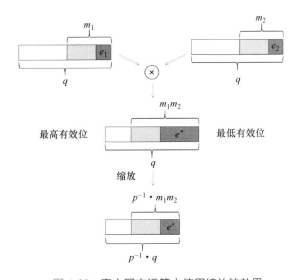

● 图 4-22　密文同态运算中使用缩放的效果

4.4.2　编码解码过程

编码和解码是 CKKS 算法的一个重要特点，也是实现多个消息密文批量处理的关键技术。在之前 RLWE 的同态加密方案（如 BGV 算法、FV 算法）中基于有限特征的环作为明文空间，而在 CKKS 算法中使用特征为 0 的环。

CKKS 算法利用整型多项式环的结构实现明文和密文空间中的运算，但是消息是以向量的形式出现的，而不是以多项式的形式。所以必须把消息 $z \in C^{N/2}$ 编码为一个多项式 $m(x) = a_0 + a_1 x + \cdots + a_{N-1} x^{N-1} \in Z[x]/(x^N + 1)$，该多项式称为明文多项式。

一般选择 N 为 2 的幂，进一步令参数 $M = 2N$，M 阶分圆多项式记为 $\Phi_M(x) = x^N + 1$，明文空间为 $Z[x]/(x^N+1)$，单位元的 M 阶本原根 $\zeta_M = e^{-2\pi i/M}$。

对于多项式 $m(x)$，可以定义一个映射 σ 为 $\sigma(m) = (m(\zeta_M), m(\zeta_M^3), \cdots, m(\zeta_M^{2N-1})) \in C^N$。注意该映射是一个双射，也是同构映射。

那么编码的过程实际上是求 σ 的逆映射 σ^{-1}，这个求解过程可以应用附录 A 所描述的快速傅里叶算法实现，而解码恰好正是求 σ 映射。

另一方面，在编码过程中产生的舍入误差可能导致表示消息的浮点数组中的关键有效位被破坏，为了降低这种可能性，选用一个放大因子 $\Delta \geqslant 1$，在编码之前消息先乘以放大因子，这样做使得参与编码的值变大了很多倍，解码时再等倍速缩小，那么数据过程对于小的误差就不敏感了，也保证了最后消息被破坏的可能性变小了许多。于是编码过程就成了这个样子：给定一组复数值，然后要求计算出多项式 $m(x)$，最后乘以放大因子。

令 $\sigma(m) = [m(\zeta_M), m(\zeta_M^3), \cdots, m(\zeta_M^{2N-1})] = (z_1, \cdots, z_N)$，则有如下的等式：

$$
\begin{cases}
a_0 + a_1\zeta_M + \cdots + a_{N-1}\zeta_M^{N-1} = z_1 \\
a_0 + a_1\zeta_M^3 + \cdots + a_{N-1}\zeta_M^{3(N-1)} = z_2 \\
\quad\quad\quad\vdots \\
a_0 + a_1\zeta_M^{2N-1} + \cdots + a_{N-1}\zeta_M^{(N-1)(2N-1)} = z_N
\end{cases}
$$

可以用矩阵表示为 $Aa = z$，其中 a 是系数向量 $(a_0, \cdots, a_{N-1})$，z 是 $(z_1, \cdots, z_N)$，A 是如下的范德蒙矩阵：

$$
\begin{pmatrix}
\zeta_M & \cdots & \zeta_M^{N-1} \\
\zeta_M^3 & \cdots & \zeta_M^{3(N-1)} \\
\vdots & & \vdots \\
\zeta_M^{2N-1} & \cdots & \zeta_M^{(N-1)(2N-1)}
\end{pmatrix}
$$

将系数向量 a 看作未知数，解该方程组，可得 $a = A^{-1}z$。进而 $\sigma^{-1}(z) = a_0 + a_1 x + \cdots + a_{N-1}x^{N-1} \in Z[x]/(x^N+1)$。

了解了编码的过程以后，解码过程就很容易理解了。给定多项式 $m(x) = a_0 + a_1 x + \cdots + a_{N-1}x^{N-1}$ 时，解码过程为：计算映射 $\sigma(m) = [m(\zeta_M), m(\zeta_M^3), \cdots, m(\zeta_M^{2N-1})] = (z_1, \cdots, z_N)$，以这个结果作为解码的结果。

为了进一步解释说明编码和解码的关系，下面举一个例子：

令 $M = 8$，则 $\Phi_8(x) = x^4 + 1$，并且 $\Delta = 64$，令 $T = \{\zeta_8, \zeta_8^3\}$，其中 $\zeta_8 = e^{-2\pi i/8}$ 为单位元的根。那么对于给定向量 $z = (3+4i, 2-i)$，有：

- 对应的实系数多项式为 $m(x) = (1/4) \cdot (10+4\sqrt{2}x+10x^2+2\sqrt{2}x^3)$，因为以 ζ_8 和 ζ_8^3 为未知数 x 的值分别代入该多项式，得到的结果分别为 $3+4i$ 和 $2-i$。

- 编码的结果为 $m(x) = \text{Encode}(z, \Delta) = 64 \cdot \left(\dfrac{1}{4}\right) \cdot (10+4\sqrt{2}x+10x^2+2\sqrt{2}x^3) \approx 160+91x+160x^2+45x^3$。

4.4.3 算法的通用描述

首先给出一些参数的定义，如下。

- 安全参数 λ，是一个整数，用于指明方案的安全级别。
- 整数 p 作为基，表示每次缩放的倍数。
- 模数组 q_0，q_1，$\cdots$，q_L，满足 $q_l = p^l \cdot q_0$，$0 \le l \le L$。
- 分圆多项式的次数 $M = M(\lambda, q_L)$。

注意，在本方案中，用 l 表示层级，不同层级的密文模数不同，记为 q_l。方案包含 5 个算法（KeyGen，Enc，Dec，Add，Mult），为简单起见，下面在多项式环 $Z[x]/(x^N+1)$ 中描述本方案。

算法 4.10（通用描述） CKKS 算法由下述 6 个过程组成。

1）密钥生成 KeyGen$(1^\lambda) \to (sk, pk, \text{evk})$，输入安全参数 1^λ，输出公钥 pk、私钥 sk、密文运算密钥 evk 组成的密钥组。

2）加密过程 Enc$(pk, m) \to c$，输入明文 m 和公钥 pk，输出密文 c，满足 $<c, sk> = m + e \pmod{q_L}$。使用参数 B_{clean} 表示加密的误差界，也就是说必须以压倒性的概率（Overwhelming Probability）满足 $||e||_\infty^{\text{can}} \le B_{\text{clean}}$。

3）解密过程 Dec$(sk, c) \to m'$，输入 sk 和 l 层的密文 c，输出明文的近似值 m'，满足 $m' \leftarrow <c, sk> \bmod q_l$。

和大多数的现有同态加密方案不同的是，CKKS 算法不对明文空间和插入误差的空间进行区分。比如，解密算法的输出 $m' = m+e$ 与原明文 m 会有轻微的误差，但是通过把该误差看作近似值中可忽略的值（尤其是当 $||e||_\infty^{\text{can}}$ 远小于 $||m||^{\text{can}}$ 时），就不存在任何问题了。

4）同态加法 Add$(c_1, c_2) \to c$，输入两个密文 c_1 和 c_2，分别对应明文 m_1 和 m_2，输出 m_1+m_2 的密文 c。这个过程中 c_1 和 c_2 的噪声之和是输出密文 c 的噪声的上界。

5）同态乘法 Mult$(\text{evk}, c_1, c_2) \to c$，输入同态运算密钥 evk 和两个密文 c_1、c_2，分别对应明文 m_1、m_2，输出 $m_1 \cdot m_2$ 的密文 c，满足 $<c, sk> \leftarrow <c_1, sk> \cdot <c_2, sk> + e_{\text{mult}} \bmod q_l$，其中误差值满足 $||e_{\text{mult}}||_\infty^{\text{can}} \le B_{\text{mult}}$。

当两个密文不在同一层级时，需要使用重缩放过程让二者处在同一层级，否则无法进行密文同态运算，这需要使用下述重缩放过程。

6）重缩放过程$RS_{l\rightarrow l'}(c)\rightarrow c'$。输入$l$层密文$c$，输出$l'$层密文$c'$，其中$l' < l$，其计算公式为：

$$c' = \lfloor \frac{q_{l'}}{q_l} c \rceil$$

通常，在使用浮点数或科学符号的近似计算中，重缩放算法将明文除以整数以删除一些不准确的低有效位作为舍入。在同态乘法执行期间，消息的大小可以保持几乎相同，因此最大密文模的大小随着被评估电路的深度线性增长。

当给定两个密文c和c'，其中c是l层密文，c'是l'层密文，并且满足关系$l' < l$时，那么要在c和c'之间进行同态密文运算之前，应该把密文c也降到l'层。请注意，将密文降到l'层有两种方法：一种是使用上面描述的 RS 过程进行缩放；另一种是直接把密文对进行求模，即令$c \leftarrow c\ mod\ q_{l'}$。注意前一种方法对应明文的值缩小大约$q_{l'}/q_l$倍，后一种方法对应明文的值未发生改变。二者的对比如图 4-23 所示。

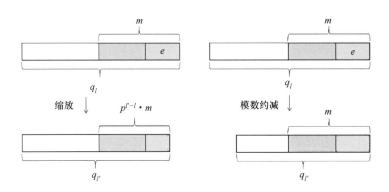

• 图 4-23　重缩放过程

4.4.4　基于 RLWE 的具体实现

上一小节描述的通用方案的性能取决于具体实现中采用的算法，本节采用基于 RLWE 的方法来具体实现上述 CKKS 方案。具体来说，使用 BGV 算法作为底层方案的实现，并结合 CKKS 方案的思想。

为了保证方案的安全性，同时达到描述简单的目的，可以采用 2 的幂次分圆多项式环。令$R = Z[x]/(x^N+1)$为环，则其对偶理想为$R^\vee = N^{-1} \cdot R$，恰好是R的简单缩放。

定义几个分布，如下。

• 对于实数σ，定义$DG(\sigma^2)$为从方差为σ^2、均值为 0 的离散高斯分布中抽样N个整数组成的一个向量。

- 对于正整数 h，定义 HWT(h) 为从集合 $\{-1, 0, 1\}$ 中随机抽样 N 次，其中取 ± 1 值 h 次，再将这 N 个值组成的一个向量。

- 对于实数 $0 \le \rho \le 1$，定义 $ZO(\rho)$ 为从集合 $\{-1,0,1\}$ 中随机抽样 N 次，且每一次抽取 -1 的概率为 $\rho/2$，抽取 1 的概率为 $\rho/2$，抽取 0 的概率为 $1-\rho$。

算法 4.11（基于 RLWE 的 CKKS 算法实现） 不包括编码和解码过程，CKKS 算法由下述 6 过程组成。

1）密钥生成 KeyGen(1^λ) $\to$ (sk, pk, evk)。

- 输入安全参数 1^λ 后，随机选择 2 的幂 $M = M(\lambda, q_L)$，整数 $P = P(\lambda, q_L)$，实数 $\sigma = \sigma(\lambda, q_L)$。

- 抽样 $s \leftarrow$ HWT(h)，$a \leftarrow R_{q_L}$，$e \leftarrow DG(\sigma^2)$，令私钥为 $sk = (1, s)$，公钥为 $pk = (b, a)$，其中 $b = -as + e \pmod{q_L}$。

- 抽样 $a' \leftarrow R_P \cdot q_L$，$e' \leftarrow DG(\sigma^2)$，令密文运算密钥为 evk $= (b', a')$，其中 $b' = -a's + e' + Ps^2 \pmod{P \cdot q_L}$。

- 输出 (sk, pk, evk)。

2）加密过程 Enc(pk, m) $\to c$。输入明文 m 和公钥 pk 后，抽样 $v \leftarrow ZO(0.5)$ 以及 $e_0, e_1 \leftarrow DG(\sigma^2)$，并计算 $c = v \cdot pk + (m + e_0, e_1) \pmod{q_L}$，输出密文 c。

3）解密过程 Dec(sk, c) $\to m'$，输入 sk 和 l 层的密文 c 后，将 c 拆解为 $c = (b, a)$，计算 $m' = b + a \cdot s \pmod{q_l}$，输出 m'。

4）同态加法 Add(c_1, c_2) $\to c$，输入两个密文 c_1 和 c_2，计算 $c = c_1 + c_2 \pmod{q_l}$，输出 c。

5）同态乘法 Mult(evk, c_1, c_2)) $\to c$，输入同态运算密钥 evk 和两个密文 c_1、c_2，将 c_1 拆解为 $c_1 = (b_1, a_1)$，将 c_2 拆解为 $c_2 = (b_2, a_2)$，计算 $(d_0, d_1, d_2) = (b_1 b_2, a_1 b_2 + a_2 b_1, a_1 a_2) \pmod{q_l}$，计算 $c = (d_0, d_1) + [P^{-1} \cdot d_2 \cdot \text{evk}] \pmod{q_l}$，输出 c。

6）重缩放过程 $RS_{l \to l'}(c) \to c'$。输入 l 层密文 c，计算并输出：

$$c' = \lfloor \frac{q_{l'}}{q_l} c \rceil$$

使用 Python 语言实现对编解码过程和算法 4.10，部分核心代码展示和解释如下。

下面的代码用于生成 M 次本原根的范德蒙矩阵：

```python
def vandermonde(xi: np.complex128, M: int) -> np.array:
    N = M // 2
    matrix = []
    for i in range(N):
        root = xi ** (2 * i+1)
        row = []
        for j in range(N):
```

```
        row.append(root * * j)
    matrix.append(row)
return matrix
```

以下代码用于实现 CKKS 算法的编码过程，可以很清楚地看到，编码过程中需要生成范德蒙矩阵，然后解联立方程：

```
def sigma_inverse(b: np.array) -> Polynomial:
    A = vandermonde(self.xi, self.M)
    coeffs = np.linalg.solve(A, b)
    p = Polynomial(coeffs)
    return p
```

以下代码用于实现解码过程：

```
def sigma(M, p: Polynomial) -> np.array:
    outputs = [ ]
    N = .M //2
    for i in range(N):
        root = self.xi * * (2 * i+1)
        output = p(root)
        outputs.append(output)
    return np.array(outputs)
```

下述代码用于实现加密过程：

```
def enc(self, plaintext):
    print("entered encryption process..")
    v = self.small_sample(self.M//2)
    e0 = self.gauss_sample(self.M//2, self.sigma)
    e1 = self.gauss_sample(self.M//2, self.sigma)
    cipher_0 = Po.polyadd(Po.polyadd(Po.polymul(v, self.pk[0]), plaintext), e0)
    cipher_0 = cipher_0 % self.qL
    cipher_1 = Po.polyadd(Po.polymul(v, self.pk[1]), e1)
    cipher_1 = cipher_1 % self.qL
    return(cipher_0, cipher_1)
```

下述代码用于实现解密：

```
def dec(self, ciphertext):
    print("entered decryption process..")
    plaintext = Po.polyadd(Po.polymul(ciphertext[1], self.sk), ciphertext[0])
    plaintext = plaintext % self.qL
    return(plaintext)
```

4.5 同态加密在大数据中的应用

随着数字经济在全球加速推进，以及 5G、IoT、AI 等技术的快速发展，数据已经成为一种关键战略资源。我国于 2015 年 8 月出台了《促进大数据发展行动纲要》（国发〔2015〕50 号），对大数据整体发展进行了顶层设计，有力推动了我国大数据行业的起步。

国内大数据相关产业体系日渐完善，各类行业融合应用也逐步深入发展。党的十九大报告明确提出推动大数据与实体经济深度融合，为大数据产业的未来发展指明了方向。2020 年，数据正式被定义为"生产要素"，战略地位得到进一步的提升，中共中央、国务院发布的《关于构建更加完善的要素市场化配置体制机制的意见》中提出"加快培育数据要素市场"。数据要素市场化配置上升为国家战略，将进一步完善我国现代化治理体系，未来有望对经济社会发展产生深远影响。

随着大数据技术的演进，它已从基本的海量数据存储、处理、分析等延伸到了相关的管理、流通、安全等其他领域，逐渐形成了一整套大数据技术体系，成为大数据建设的基础。

数据量大、数据源异构多样、数据实时性高等特征催生了高效完成海量异构数据存储与计算的技术需求，因此出现了规模并行化处理的分布式架构，面向海量网页、日志等非结构化数据，出现了基于 Hadoop、Spark 生态体系的分布式批处理计算框架等大数据技术。同时为了进一步管理大数据以及可视化大数据，以商业智能 BI 工具为代表的简单统计分析与可视化展现技术，以及机器学习、神经网络等数据挖掘和分析建模技术纷纷涌现，它们帮助客户进一步发掘了数据价值并将分析结果应用到实际业务场景中。

与此同时，大数据的安全问题也逐渐暴露。大数据因其蕴藏的巨大价值和集中化的存储管理模式成为网络攻击的重点目标，针对大数据的勒索攻击和数据泄露问题日趋突出，全球大数据安全事件呈频发态势。相应地，大数据的安全需求已经催生相关安全技术、解决方案及产品的研发和生产，但与产业发展相比，存在滞后现象。大数据安全威胁渗透在数据生产、采集、处理和共享等大数据产业链的各个环节，风险成因复杂交织：既有外部攻击，也有内部泄露；既有技术漏洞，也有管理缺陷；既有新技术新模式触发的新风险，也有传统安全问题的持续触发。

由于多源数据计算场景的增多，在保证数据机密性的基础上实现数据的流通和合作应用一直是困扰产业界的难题。在大数据的应用中，安全地计算用户的数据、保护用户的隐私是大数据面临的一个基本问题，由于大数据中的计算问题非常复杂、多样，所以适用于特定计算情况的隐私保护算法通常不能满足大数据的需求。因此，必须选择一个功能较全面的方案来保护用户的计算隐私。同态加密为解决这个难题提供了一种有效的思路。

　　同态加密提供了一种对加密数据进行处理的功能，因为这样一种良好的特性，同态加密特别适合在大数据环境中应用，既能满足数据应用的需求，又能保护用户隐私不被泄露，是一种理想的解决方案。

　　同态加密能够为参与实体提供高效、安全的合作模式，各方在确保数据合规使用的情况下，实现数据共享和数据价值挖掘，因此在金融、政务、医疗等领域有着广泛的应用前景。以金融行业为例，尽管金融数据在体量、维度、价值等方面具有一定优势，但是往往更多涉及的是客户金融相关的数据，缺少客户的行为数据、场景数据等。具体到某一个金融机构时，其数据的丰富程度更是大打折扣；而同时客户的行为数据和场景数据却掌握在一些互联网公司和其他数据源公司手中。在信贷风险评估、供应链金融、保险业、精准营销、多头借贷等方面，金融机构都需要和这些数据源公司联合建模，提升模型的精确度。传统的数据合作中，通常采用数据脱敏的方式将一方数据给到另一方，并由其进行本地建模。虽然数据脱敏方案实现了一定程度的隐私保护，但其他用户仍然能通过收集到的相关数据，损害数据方的利益，甚至侵害客户的个人隐私。使用同态加密进行数据挖掘或者机器学习，就可以解决这个问题。

　　很多工业界的公司也提出了基于同态加密的大数据保护方案。有些公司发布了隐私计算全栈解决方案，该产品包含隐私计算软硬件一体机、隐私计算软件平台、异构加速算力解决方案三大部分。其中隐私计算平台往往采用同态加密技术，虽然相较于明文数据直接运算，会有成百上千倍的算力消耗，但通过专用硬件实现同态加密的技术突破，能够大幅降低计算延迟和功耗，并大幅提升加密速度。

4.6　同态加密在区块链中的应用

　　本节介绍当前区块链的发展情况和区块链的技术架构，并在架构的基础上，详细介绍了当前使用同态加密对区块链应用进行隐私保护的思路和解决方法。

4.6.1　区块链发展情况

　　区块链是一种分布式账本，它利用密码学技术和分布式共识协议保证数据安全性，实现数据多方维护、交叉验证、全网一致，被称为解决网络上信任问题的一种基础设施。

　　目前区块链发展呈现欣欣向荣的态势，体现在如下几个方面。

- 产业长期发展潜力较大。我国已经确立了区块链的基础设施地位，产业发展进一步清晰,从业者对区块链长期发展看好,普遍认可其长期战略价值。

- 技术创新活跃。区块链领域的学术研究、专利申请保持活跃,不断涌现出新的学术研究成果和工程应用项目。
- 需要与多种技术配合以解决实际工程问题。单纯使用区块链技术难以发挥其价值,需要与人工智能、物联网、大数据、5G 等技术结合,利用协同效应形成一体化解决方案,共同助力数字化发展。

在产业规模方面,如图 4-24 所示,全球对区块链企业的投资仍呈现增长趋势,2021年已达 1656.25 亿元。[⊖]

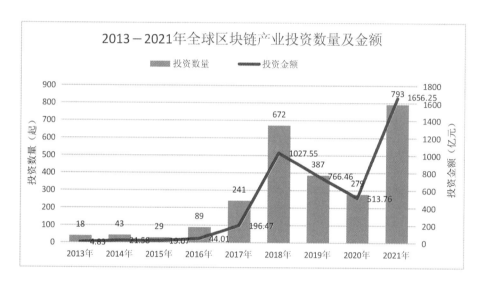

2013－2021年全球区块链产业投资数量及金额

● 图 4-24 近年来区块链产业投资增长情况

今后,我国区块链顶层设计将进一步完善,各行业应用标准逐步建立,发展方向从技术引领步入市场渗透。区块链融合应用在金融、供应链、政务等多个领域开始落地,产业规模将呈现高速增长。但当前我国区块链发展面临的诸多问题仍需重点关注,并着手在未来几年加以解决,如核心技术自主创新能力仍需进一步加强,安全问题、人才缺口问题亟须改善,融合应用场景仍需深入探索。

2019—2021 年区块链产业凭借其价值潜力和政策利好,迎来产业爆发增长。2020 年全球区块链产业规模约达 45 亿美元。2021 年达到 66 亿美元,预计 2024 年可达 190 亿美元。现阶段,我国区块链产业链主要以金融应用、解决方案、BaaS 平台居多,占比分别为18%、10%、9%;其次是供应链应用、数据服务、媒体社区和基础协议,占比分别为 8%、6%、5%、4%;信息安全、智能合约等方面占比较少,均为 2%。

⊖ 图片来源:IT 桔子、智研咨询。

2020 年 4 月 20 日, 国家发改委首次明确"新基建"范围, 区块链被纳入其中。从本质上来说, 新基建代表的是数字技术基础设施, 而数字经济在技术层面指的是大数据、云计算、物联网、区块链、人工智能、5G 通信等新兴技术推动生产力发展的经济形态。区块链技术作为"新基建"的一部分, 与"新基建"其他内容的融合, 能够促进产业数字化的深度转型, 打造信息化时代下的新型价值体系, 目前, 已经催生出了一批以云计算、大数据、物联网、人工智能、区块链等新一代信息技术为基础的"新零售""新制造"等新产业、新业态和新模式。全国各地的区块链产业园区也在不断进步, 现阶段国内大部分区块链产业园已经开始从早期探索阶段走向项目孵化、产业应用落地阶段。据不完全统计, 截至 2022 年 1 月, 全国共有区块链产业园 51 家。其中浙江 9 家、广东 7 家、上海 5 家, 位居前三。

展望 2022 年, 随着产业链不断完善, 社会认知逐步提高, 场景日益丰富, 区块链的应用效果将逐步显现, 通过与其他新技术的协同创新发展、区块链赋能传统行业, 将为我国区块链产业发展带来崭新机遇。

4.6.2 区块链技术架构

一般来说, 区块链的层次架构可以自上而下地分为网络层、数据层、共识层、激励层、合约层、应用层等层次, 其中网络层、数据层、共识层、激励层可以归类为底层账本, 合约层和应用层可以归类为应用扩展, 结构如图 4-25 所示。

下面大致介绍一下这些层次。

- 网络层: 区块链的区块数据和交易数据需要通过 P2P 网络在不同节点之间传输, 以便同步验证, 这需要网络通信层实现数据同步、数据校验等功能。

- 数据层: 区块链是一个分布式账本结构, 账本中的数据以分布式方式存储, 并保持一致性。

- 共识层: 去中心化的存储需要在网络各个节点各自更新账本数据, 结果需要通过共识协议来保证一致性。比特币、以太坊等区块链采用工作量证明(PoW)共识机制, 在其他的应用场景中常见的共识机制还有权益证明(PoS)、股份授权证明(DPoS)、拜占庭(BFT)等。

- 激励层: 激励机制是鼓励区块链参与方积极参与区块生成的机制, 现有的机制包括挖矿、发行权益等。

- 合约层: 要让各种基于区块链的交易能够实现自动化, 需要使用智能合约技术。智能合约需要有计算引擎, 一般是一个图灵完备的虚拟机加上一个编译器。

- 应用层: 所有的区块链底层设计最后都需要对外提供服务, 应用层实现各种应用服务, 包括提供发行各种资产代币, 在各种应用场景中落地的功能。

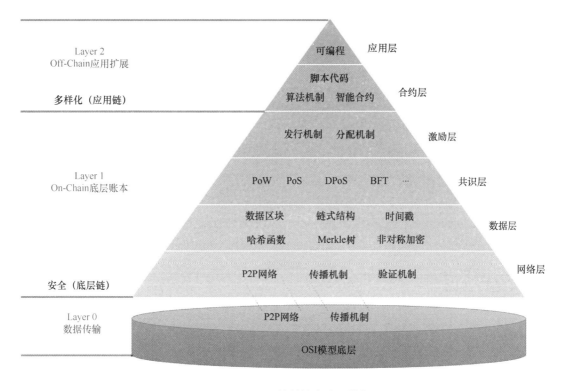

●图 4-25　区块链技术分层结构

4.6.3　同态加密赋能区块链

随着区块链技术的不断发展和广泛应用，其面临的隐私泄露问题越来越突出。相对于传统的中心化架构，区块链机制不依赖特定中心节点处理和存储数据，因此能够避免集中式服务器单点崩溃和数据泄露的风险。但是为了在分散的区块链节点中达成共识，区块链中所有的交易记录必须公开给所有节点，这会显著增加隐私泄露的风险。所有区块链交易的公开可用性都对交易隐私构成了挑战。

目前区块链中主要有两种记账模型：一种是未花费交易输出（Unspent Transaction Outputs，UTXO），另一种是账户模型。对于前者，交易的合法性一般定义为交易的输入总和与交易的输出总和相等，并且每个交易金额合法；对于后者，交易的合法性一般体现为转出金额与剩余余额之和等于当前账户总余额，且转出金额合法。

基于以上交易合法性验证的特点，同态加密算法可用于保护区块链账本的交易。原理很简单，不需要知道交易实际信息 x 和 y，通过对交易密文 $E(x)$ 和 $E(y)$ 运算，可以计算出 $E(x+y)$、$E(xy)$ 的值，则进一步有 $C(E(x),E(y))=E(C(x,y))$，其中 C 代表任意运算电路，拥有私钥的人进行解密后即可得到真实值。

忽略交易手续费的前提下，区块链交易的合法性体现为转出金额与剩余余额之和等于当前账户总余额且一个账户的转出金额应该不超过该账户原有余额。针对这两点，设计基于同态加密的区块链隐私保护交易方案。

方案主要包含三个部分：隐藏交易金额、交易验证和余额更新。设计的重点和难点主要在于如何在加密的状态下对金额进行验证，以及如何在加密状态下对余额进行实时更新，如图4-26所示。

• 图 4-26　同态加密保护交易金额

隐藏交易金额通过将交易金额进行加密实现隐藏。在加密之前，需要先生成合法的同态加密密钥 (pk, sk)，其中 pk 是公钥，用来加密交易金额，sk 是私钥，用来解密密文数据。此处需要公开同态公钥，以便其他参与方可以使用该公钥对交易金额进行加密。

通过同态加密算法，用户发起一笔交易时，账户余额和转账金额通过加密实现了隐私保护，当需要对已加密的交易信息进行解密时，可采用私钥 sk 通过解密算法实现解密。

交易验证包括两个方面：首先是加密金额的合法性验证，即验证密文所含交易金额在一定的合法范围内；其次是对账户余额是否足够转账的验证，即账户余额是否不小于转出金额。其中前者可以采用范围证明方法来证明密文所隐藏的金额是正整数，并处在合法范围内，可以使用余额同态减去范围的方法实现；后者采用同态加密的加法同态属性验证转账金额与剩余余额之和等于当前账户余额。

一笔合法交易完成后，区块链系统需要实时更新发送方与接收方的账户余额。而账户余额有两种存在形式：一种是经过同态加密算法加密后存储在链上的密文；另一种是在用户本地存储的账户明文。链上账户余额的同步可以使用同态加密算法的加法同态密文运算实现，从而保证金额的保密性。

区块链技术从比特币发展到以太坊之后，支持图灵完备的编程语言智能合约的引入，使其具有更灵活的应用能力和更丰富的应用场景。

智能合约在运行过程中，合约发起者调用合约时使用的参数全集必须明文公开，否则其他节点无法验证智能合约执行结果是否正确。显然，这样的验证方式对于智能合约调用者节点来说，不能保证合约信息的隐私性。但与此同时，许多急需使用智能合约的应用场景都需要保护隐私，比如，保密选举投票、需要多方参与的竞拍竞价、竞选投票、医疗健康合约等，信息持有者在通过调用智能合约来分享相关信息时会有顾虑。

针对区块链实现同态加密可以使用如下步骤，数据上链之前调用同态加密库进行加密，然后再把密文上链。链上的密文数据可通过调用同态库实现密文同态运算的智能合约，密文返回回业务层后，可通过调用同态加密库进行解密，如图 4-27 所示。

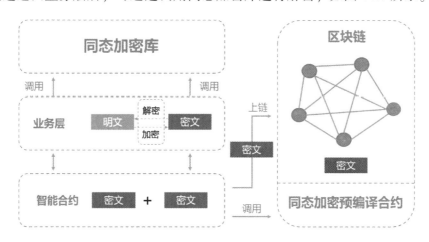

● 图 4-27 同态加密保护智能合约隐私性

可以使用的同态加密库有很多，目前最为主流的全同态加密算法开源工具包括 IBM 主导的 HElib 库和微软主导的 SEAL 库。

HElib 是一个基于 C++ 语言的同态加密开源软件库，底层依赖于 NTL 数论运算库和 GMP 多精度运算库实现，主要开发者为 IBM 的 Halevi，目前最新版本为 1.0.2，实现了支持 "Bootstrapping" 的 BGV 方案和基于近似数的 CKKS 方案。同时，HElib 在上述原始方案中引入了许多优化以加速同态运算。

简单加密运算库（Simple Encrypted Arithmetic Library，SEAL）是微软密码学与隐私研究组开发的开源同态加密库，目前最新版本为 3.5，支持 BFV 方案和 CKKS 方案，项目的参与人员包括 CKKS 的作者之一 Song。SEAL 基于 C++ 实现，不需要其他依赖库，但一些可选功能需要微软 GSL、ZLIB 和 Google Test 等第三方库的支持。SEAL 支持 Windows、Linux、macOS、FreeBSD、Android 等操作系统平台，同时支持 .NET 开发。与 HElib 类似，SEAL 同样支持了基于整数的精确同态运算和基于浮点数的近似同态运算两类方案，但 SEAL 依靠微软的天生优势能够在 Windows 系统中进行部署。

在噪声管理方面，与 HElib 支持自动噪声管理不同，在 SEAL 中每个密文拥有一个特定的噪声预算量，需要在程序编写过程中通过重线性化操作自行控制乘法运算产生的噪声。基于 SEAL 实现同态加密运算的性能在很大程度上取决于程序编写的优劣，且存在着不同的优化方法，因此总体而言，SEAL 的学习和使用难度较大。

 # 第5章 部分同态加密算法

虽然全同态加密的理论意义非常重要，被誉为密码学的"圣杯"，但在实际应用中却是部分同态加密算法用得更多。举例来说，许多联邦学习平台都使用部分同态加密算法来实现安全的联合建模。本章将对部分同态加密算法进行介绍，并给出 AHP 部分同态加密算法的详细描述，最后会对同态加密算法在人工智能中的应用进行简单介绍。

5.1 部分同态加密算法的意义

虽然全同态加密算法能够同时支持密文的各种运算，能够满足各类隐私计算数据的安全性以及密文的计算需求，但目前的全同态加密算法由于构造复杂、效率低，仍然难以有效地运用到实际当中。

部分同态加密算法仅支持单一的同态操作，比如仅具有加法同态性或者是乘法同态性。和全同态加密算法相比，部分同态加密算法一般具有运算快、参数集合较小等优点；同时，并不是所有的隐私计算应用场景都需要全同态加密的，很多时候大量的运算集中在加法、乘法等一类运算中，此时部分同态加密算法就有了用武之地。

一个加法同态加密算法 E 必须要满足如下的同态性：对于明文 m_1 和 m_2，满足

$$E(m_1+m_2) = E(m_1)+E(m_2)$$

如图 5-1 所示。

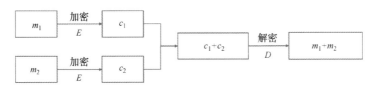

• 图 5-1 加法同态性

类似地，一个加密算法 E 的乘法同态性是指：对于明文 m_1 和 m_2，满足

$$E(m_1 \times m_2) = E(m_1) \times E(m_2)$$

如图 5-2 所示。

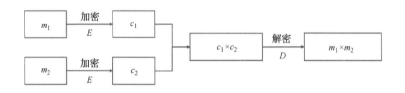

● 图 5-2　乘法同态性

部分同态加密算法的一个典型应用场景是联邦学习。联邦学习是一种隐私保护机器学习方法，其主要思想为：构建一个隐私保护机器学习系统，使得拥有数据的多方能够联合训练一个或多个模型，并且任意一方的数据不会泄露给其他参与者。这能在保证隐私数据不泄露的情况下，提升参与者本地模型的任务表现，打破数据孤岛。

在联邦学习中，多方联合训练模型一般需要交换中间结果，如果直接发送明文的结果可能会有隐私泄露的风险。在这种场景下，同态加密就可以发挥很重要的作用了。多方直接将中间结果用同态加密算法进行加密，然后发送给第三方进行聚合，再将聚合的结果返回给所有参与者，不仅保证了中间结果没有泄露，还完成了训练任务（第三方可以通过优化系统设计去除）。在联邦学习中，因为只需要对中间结果或模型进行聚合，一般多使用部分同态加密算法（多为加法同态加密算法）进行数据的加密传递。

部分同态加密也可以用于安全的多方参与计算。当需要对私有数据进行检索、分析、处理时，大家都不希望数据内容被其他参与方掌握，所有参与方将自有数据以密文形式进行联合计算，可以使用部分同态加密算法实现这个目的。已有的研究包括使用部分同态加密算法解决"百万富翁"难题、向量点积多方安全计算问题。

5.2　一个部分同态加密算法

本章描述一个部分同态加密算法，确切地说，是一个加法同态加密算法，能够实现在特定整数范围内的加法同态运算。

该算法发表在 2017 年 ACM SIGSAC 云计算安全会议上，以算法的设计者命名为 AHP 同态加密算法。AHP 是一个基于格机制的同态加密算法，它具有运算效率高、结构简单等优良特性，是一个非常优秀的算法。

5.2.1　算法描述

算法　AHP 同态加密算法由下述 5 个过程组成。

1）参数生成 ParamGen$(\lambda) \to (pp)$。输入安全参数 λ，输出系统参数 pp，伪代码形式表示的流程如下：

```
ParamGen(λ)
{
    选择随机正整数 q > λ;
    选择随机正整数 l;
    选择满足 gcd(p, q) = 1 的随机正整数 p > λ;
    pp← (q,l,p);
    return (pp);
}
```

2）密钥生成 KeyGen$(\lambda, pp) \to (pk, sk)$。输入安全参数 λ 和系统参数 pp，输出密钥对 (pk, sk)，其中 pk 为公钥，sk 为私钥。伪代码流程如下：

```
KeyGen(λ, pp)
{
    生成正实数 s;
    生成正整数 n;
    使用以 0 为期望、以 s 为标准差的离散高斯分布抽样,生成两个 n×l 整数矩阵 R 和 S;
    使用模 q 离散均匀随机分布抽样,生成 n×n 整数矩阵 A;
    使用矩阵数乘、矩阵乘法和矩阵减法,计算 P = pR-AS mod q;
    pk ← (A, P, n, s);
    sk ← S;
    Return (pk, sk);
}
```

3）加密过程 Encrypt$(m, pk) \to c$。输入参数中 m 是 l 阶模 p 整数行向量，pk 为加密公钥。伪代码流程如下：

```
Encrypt(m, pk)
{
    使用以 0 为期望、以 s 为标准差的离散高斯分布抽样,生成两个 n 阶整数行向量 e1 和 e2;
    使用以 0 为期望、以 s 为标准差的离散高斯分布抽样,生成 l 阶整数行向量 e3;
    计算 c1 ← (e1A+pe2) mod q;
    计算 c2 ← (e1P+pe3+m) mod q;
    c ← (c1, c2) mod q;
```

```
    return(c);
}
```

4）解密过程 Decrypt(c, sk) → m。输入密文 c 和私钥 sk，输出明文。伪代码流程如下：

```
Decrypt(c = (c₁, c₂), sk = S)
{
    使用矩阵乘法和加法,计算 m* ← (c₁S+c₂) mod q;
    m ← m* mod p;
    return(m);
}
```

5）同态加法 Add(c, c^*) → c^{**}。输入使用相同公钥加密的两个密文，执行密文加法运算。伪代码流程如下：

```
Add(c, c*)
{
    c** ←(c+c*) mod q;
    return(c**);
}
```

5.2.2 技术细节解释

首先对 AHP 同态加密算法中的几个技术细节予以解释。

在参数生成过程 ParamGen 中使用了"$\gcd(p, q) = 1$"的判断，$\gcd(p, q)$ 是指求取 p 和 q 的最大公约数，其中 gcd 是 Greatest Common Divisor（最大公约数）的缩写，在这里条件"$\gcd(p, q) = 1$"是指要求 p 和 q 互素。

密钥生成过程 KeyGen 和加密过程 Encrypt 均要使用离散高斯分布，这在 AHP 算法中是为了实现加解密功能所必需的步骤。

高斯分布（Gaussian Distribution）也称为正态分布（Normal Distribution），最早由棣莫弗（Abraham de Moivre）在求二项分布的渐近公式中得到。高斯在研究测量误差时从另一个角度推导出这个分布。高斯分布是一个在数学、物理及工程等领域都非常重要的概率分布，在统计学的许多方面有着重大的影响力，是许多统计方法的理论基础，检验、方差分析、相关和回归分析等多种统计方法均要求分析的指标服从高斯分布，因为统计量在大样本时近似高斯分布，而大样本时这些统计推断方法也是以高斯分布为理论基础的。在密码学领域，随着基于格的密码学的兴起，高斯分布也在密码学中发挥着作用。

高斯分布曲线呈钟形，两头低、中间高、左右对称，如图 5-3 所示。

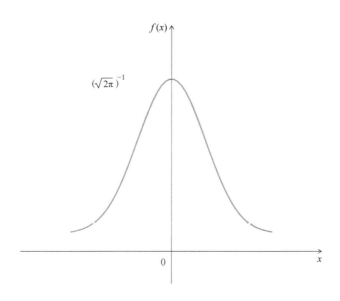

● 图 5-3 期望为 0、 方差为 1 的一维高斯分布曲线

高斯分布有两个重要的参数，即数学期望和方差。若随机变量 x 服从数学期望为 μ、方差为 σ^2 的高斯分布，则其概率密度函数定义为：

$$f(x) = \frac{1}{\sqrt{2\pi}\,\sigma} \cdot e^{-\frac{(x-\mu)^2}{2\sigma^2}}$$

n 维高斯分布是指一个向量有 n 个分量，且每个分量都独立服从一个高斯分布。

离散高斯分布是高斯分布收缩到整数值所得到的一种离散型分布。也就是说，在离散高斯分布中，随机变量只能取整数值，非整数值收缩到整数值的常见方法有向上取整、向下取整、四舍五入取整。本节介绍的算法采用四舍五入取整。

在密钥生成过程 KeyGen 中，使用了离散均匀随机分布。均匀分布是统计学中一种常见分布，均匀分布由两个参数 a 和 b 定义，它们是数轴取值区间上的最小值和最大值。若随机变量 x 服从均匀分布，则概率密度函数 $f(x)$ 的取值在区间 $[a,b]$ 中每一点上都是一样的，如图 5-4 所示。

和离散高斯分布类似，离散均匀分布也是均匀分布的离散化，即随机变量取值收缩到整数。在该方案中使用的离散高斯分布实际上起到了从集合 $\{1,2,\cdots,q-1\}$ 中等概率随机抽取一个整数的效果。

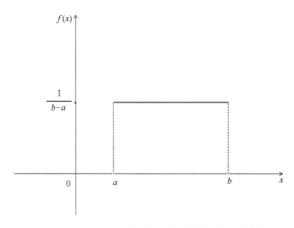

● 图 5-4　区间为 $[a,b]$ 的均匀分布曲线

5.2.3　算法分析

要透彻地理解这个算法，必须注意到细节。首先要看到，所有运算中运算数的取值都是模 q 整数，换句话说，每个参数、中间变量、结果都选自集合 $\{0,1,2,\cdots,q-1\}$；其次注意到，重要操作都用到了矩阵乘法和向量的乘法。

值得关注的是各参数、中间变量、运算结果的维度。明文 m 是一个 l 维的模 p 整数向量，即明文 m 具有如下结构：

$$(m_1,m_2,\cdots,m_l)$$

其中，每个 $m_i(i=1,2,\cdots,l)$ 都取自集合 $\{0,1,2,\cdots,p-1\}$。

公钥 pk 由四部分组成：A、P、n、s，其中 A 是 n 行 n 列的模 q 整数矩阵，P 是 n 行 l 列的模 q 整数矩阵。通常来说，由于 n 远大于 l，所以，A 和 P 大概具有如图 5-5 和图 5-6 所示的形式。

$$n行\left\{\begin{pmatrix} a_{11} & a_{12} & \dots & a_{1n} \\ a_{21} & a_{22} & \dots & a_{2n} \\ \vdots & \vdots & & \vdots \\ a_{n1} & a_{n2} & \dots & a_{nn} \end{pmatrix}\right.$$
$$\underbrace{\qquad\qquad}_{n列}$$

$$n行\left\{\begin{pmatrix} P_{11} & P_{12} & \dots & P_{1l} \\ P_{21} & P_{22} & \dots & P_{2l} \\ \vdots & \vdots & & \vdots \\ P_{n1} & P_{n2} & \dots & P_{nl} \end{pmatrix}\right.$$
$$\underbrace{\qquad\qquad}_{l列}$$

● 图 5-5　矩阵 A 的形式　　　　● 图 5-6　矩阵 P 的形式

1. 参数生成过程

参数生成过程用于生成两个重要参数 p 和 q，同时选定参数 l，其中 p 和 q 都是模数，用来定义整个加密算法运算所在的范围，而 l 指定了明文向量的维度。

2. 加解密的正确性

作为加密算法，一个很重要的安全性要求是：加密结果能够正确解密。通过算法描述可以看到，当明文为 m 时，密文是通过如下两个式子计算出来的：

$$c_1 \leftarrow (e_1\boldsymbol{A}+pe_2) \bmod q$$

$$c_2 \leftarrow (e_1\boldsymbol{P}+pe_3+m) \bmod q$$

解密过程由如下解密算式完成：

$$^* \leftarrow (c_1S+c_2) \bmod q$$

$$m \leftarrow m^* \bmod p$$

将加密算式带入解密算式，可以得到：

$m^* = (c_1S+c_2) \bmod q = (e_1\boldsymbol{A}+pe_2)S+(e_1\boldsymbol{P}+pe_3+m) \bmod q = e_1\boldsymbol{A}S+pe_2S+e_1\boldsymbol{P}+pe_3+m \bmod q =$ （由于 $\boldsymbol{P} = p\boldsymbol{R}-\boldsymbol{A}S \bmod q$）$e_1p\boldsymbol{R}+pe_2S+pe_3+m \bmod q$

$m = m^* \bmod p = (e_1p\boldsymbol{R}+pe_2S+pe_3+m \bmod q) \bmod p =$ （由于取值的限制）$(e_1p\boldsymbol{R}+pe_2S+pe_3+m) \bmod p = m$

通过上述分析可以看出，AHP 同态加密算法满足加解密运算的正确性。

3. 密文同态加法的正确性

对于 AHP 算法而言，同态加密算法要满足运算的同态性，意味着加法同态性必须得到保证。

假设两个明文 m 和 m^*，使用密钥 pk 加密后所得的密文分别为 c 和 c^*，加法同态性意味着 $m+m^* \bmod p$ 等于 $\text{Decrypt}(c+c^*, sk)$，其中 (pk, sk) 是一对密钥对。

在 AHP 算法中，$c = (c_1, c_2)$，$c^* = (c_1^*, c_2^*)$，所以 $c+c^* = (c_1+c_1^*, c_2+c_2^*)$，其解密式如下：

$$\text{Decrypt}(c+c^*, sk)$$

$$= \text{Decrypt}(c_1+c_1^*, c_2+c_2^*, sk)$$

$$= ((c_1+c_1^*)S+c_2+c_2^*) \bmod q \bmod p$$

$$= (e_1p\boldsymbol{R}+pe_2S+pe_3+m)+(e_1^*p\boldsymbol{R}+pe_2^*S+pe_3^*+m^*) \bmod p$$

$$= m+m^* \bmod p$$

不难看出，AHP 算法具有加法同态性。

5.2.4 Python 的 NumPy 模块

本章中的算法使用 Python 语言和 NumPy 包实现。NumPy 是一个用于科学计算的开源 Python 库，该库包含许多有用的数学函数，常用的包括一些用于线性代数、傅里叶变换、随机数生成的函数，本章主要是利用了 NumPy 在矩阵运算时的便利性。

NumPy 起源于 1995 年发布的 Numeric，并对其进行了改进。大部分 NumPy 代码都用 C 语言编写，这使得 NumPy 的运行速度比纯 Python 代码更快。同时仍然存在 NumPy 的 C 语言 API 接口，允许使用 C 语言进一步扩展 NumPy 的功能。

处理矩阵运算时，使用 NumPy 编写的代码比直接用 Python 编写的代码要 "干净" 很多，循环的使用也少很多，因为 NumPy 的函数通常是直接作用在矩阵上的。NumPy 定义的 array 数据结构比基础 Python 语言对应结构（如使用列表、列表嵌套）处理速度快得多，尤其是当 array 较大时，性能的优势更为明显。但是 NumPy 的劣势在于，如果 array 中存储的不是数值，作用就会降低很多。

1. 安装

NumPy 是基于 Python 的，所以必须先安装 Python。在有些操作系统中，Python 是默认安装的，但使用之前也要确认一下 Python 的版本是否兼容。本书以 Windows10 系统和 Ubuntu Linux 系统为例介绍 Python 和 NumPy 的安装。

在 Windows10 系统中，可以到官网 https：//www. python. org/下载所需的版本，再执行安装程序即可安装 Python，如图 5-7 所示。

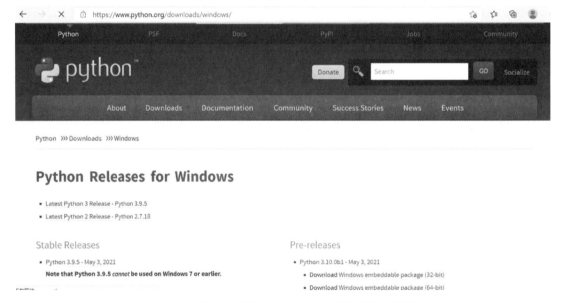

●图 5-7　Python 官网中 Windows 安装版下载页截图

Python 安装成功以后，到 NumPy 的官网 http：//sourceforge. net/projects/numpy/files/下载对应的版本并安装，如图 5-8 所示。

在 Ubuntu Linux 系统中，只需要下面一条命令即可安装 Python（以 Python 3 版本为

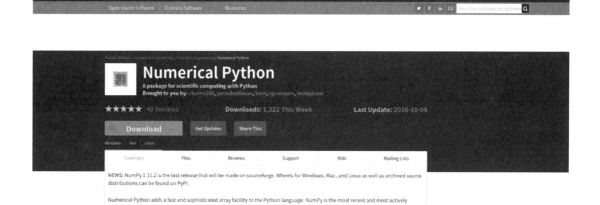

●图 5-8　NumPy 官网中 Windows 安装版下载页截图

例）：

```
sudo apt-get install python3
```

类似地，安装 NumPy 也只需要一条命令：

```
pip3 install numpy
```

2. 数据结构

NumPy 中一个好用的数据结构是 ndarray，这是一个多维队列结构，它可以用来建立矩阵并很方便地对矩阵进行运算，ndarray 数据类型中包含下面两部分信息。

- 队列中的实际数据。
- 用于描述队列多维结构的元数据。

先演示一下使用 array 创建 ndarray 类型向量和矩阵的过程，代码如下所示：

```
import numpy as np
a = np.array(np.arange(5))
print(a)
print(a.dtype)
print(a.shape)
```

输出为：

```
[0 1 2 3 4]
int64
(5,)
```

上面的代码使用 NumPy 的 array 函数创建了 **a** 这个向量（一维队列），其内容为 0、1、2、3、4；另外，**a** 中元素的类型是 64 位整型；同时 **a** 的 shape 属性表明它是 5 维向量。

下面使用 array 来创建二维队列（矩阵）：

```
b = np.array([np.arange(3),np.arange(3)])
print(b)
print(b.shape)
```

输出为：

```
[[0 1 2]
 [0 1 2]]
(2, 3)
```

从上面代码的输出可以看出，**b** 是一个 2 行 3 列的矩阵。NumPy 的 array 函数可以通过输入参数生成一个向量，但是输入的参数必须具有队列的形式，比如，Python 的 list 数据类型就很适合用作 array 函数的参数。

下面代码展示了 array 定义的矩阵中，每个元素的引用方式，注意下标是从 0 开始的：

```
c = np.array([[1, 2], [3, 4]])
print(c[0, 0])
print(c[0, 1])
print(c[1, 0])
print(c[1, 1])
```

输出为：

```
1
2
3
4
```

可以使用 reshape 函数改变队列的维度和各维的长度，如下面代码所示：

```
d = np.arange(24)
print(d)
print(d.reshape(8, 3))
```

输出结果为：

```
[ 0  1  2  3  4  5  6  7  8  9 10 11 12 13 14 15 16 17 18 19 20 21 22 23]
[[ 0  1  2]
 [ 3  4  5]
 [ 6  7  8]
 [ 9 10 11]
 [12 13 14]
 [15 16 17]
 [18 19 20]
 [21 22 23]]
```

可以看出，通过 reshape 函数，将向量 *d* 转变成了 8 行 3 列的矩阵。和矩阵形状相关的函数还有 transpose 和 flatten 等，前者作用是做矩阵转置，后者的作用是将矩阵转化为一维向量。这两个函数的用法如下面的代码所示：

```
b = np.arange(24)
c= b.reshape(3, 8)
print(c)
print(c.transpose())
print(c.flatten())
```

输出为：

```
[[ 0  1  2  3  4  5  6  7]
 [ 8  9 10 11 12 13 14 15]
 [16 17 18 19 20 21 22 23]]
[[ 0  8 16]
 [ 1  9 17]
 [ 2 10 18]
 [ 3 11 19]
 [ 4 12 20]
 [ 5 13 21]
 [ 6 14 22]
 [ 7 15 23]]
[ 0  1  2  3  4  5  6  7  8  9 10 11 12 13 14 15 16 17 18 19 20 21 22 23]
```

将多个矩阵连接成一个矩阵也是一种常用操作，一般有两种连接：一种是横向连接，一种是纵向连接。在 NumPy 中矩阵的连接可以通过 hstack、vstack、concatenate 等几个函数来实现，如下列代码所示：

```
a = np.arange(9).reshape(3,3)
print("矩阵 a 为:")
print(a)
```

```
b = a* 3
print("矩阵 b 为:")
print(b)
print("a 和 b 横向连接结果为:")
print(np.hstack((a,b)))
print("a 和 b 纵向连接结果为:")
print(np.vstack((a,b)))
print("第 1 维度连接,等同于横向连接:")
print(np.concatenate((a,b), axis = 1))
print("第 0 维度连接,等同于纵向连接:")
print(np.concatenate((a,b), axis = 0))
```

代码的输出结果为:

```
矩阵 a 为:
[[0 1 2]
 [3 4 5]
 [6 7 8]]
矩阵 b 为:
[[ 0  3  6]
 [ 9 12 15]
 [18 21 24]]
a 和 b 横向连接结果为:
[[ 0  1  2  0  3  6]
 [ 3  4  5  9 12 15]
 [ 6  7  8 18 21 24]]
a 和 b 纵向连接结果为:
[[ 0  1  2]
 [ 3  4  5]
 [ 6  7  8]
 [ 0  3  6]
 [ 9 12 15]
 [18 21 24]]
第 1 维度连接,等同于横向连接:
[[ 0  1  2  0  3  6]
 [ 3  4  5  9 12 15]
 [ 6  7  8 18 21 24]]
第 0 维度连接,等同于纵向连接:
[[ 0  1  2]
 [ 3  4  5]
 [ 6  7  8]
```

```
[ 0  3  6]
[ 9 12 15]
[18 21 24]]
```

从上面代码可以看出，hstack 实现两个矩阵的横向连接，vstack 实现两个矩阵的纵向连接，而 concatenate 函数则通过 axis 参数控制可以实现横向也可以实现纵向连接。

NumPy 中同样也存在矩阵的分割函数，可以使用 hsplit 实现纵向分割，使用 vsplit 实现横向分割，如下面的代码所示：

```
a = np.arange(9).reshape(3,3)
print("矩阵 a 为:")
print(a)
print("a 的列向量分割结果为:")
print(np.hsplit(a, 3))
print("a 的行向量分割结果为:")
print(np.vsplit(a, 3))
```

输出结果为：

```
矩阵 a 为：
[[0 1 2]
[3 4 5]
[6 7 8]]
a 的列向量分割结果为：
[array([[0],
    [3],
    [6]]), array([[1],
    [4],
    [7]]), array([[2],
    [5],
    [8]])]
```
a 的行向量分割结果为：
```
[array([[0, 1, 2]]), array([[3, 4, 5]]), array([[6, 7, 8]])]
```

也可以使用函数 split，通过参数 axis 控制实现纵向和横向的分割，如下列代码所示：

```
print("a 的行向量分割:")
print(np.split(a, 3, axis = 0))
print("a 的列向量分割:")
print(np.split(a, 3, axis = 1))
```

输出结果为：

```
a 的行向量分割:
[array([[0, 1, 2]]), array([[3, 4, 5]]), array([[6, 7, 8]])]
a 的列向量分割:
[array([[0],
        [3],
        [6]]), array([[1],
        [4],
        [7]]), array([[2],
        [5],
        [8]])]
```

函数 tolist 可以将一个队列转变为 Python 的 list 数据类型,如下列代码所示:

```
a = np.arange(9).reshape(3, 3)
print("矩阵 a 为:")
print(a)
print("a.tolist 函数的结果:")
print(a.tolist())
```

输出结果为:

```
矩阵 a 为:
[[0 1 2]
 [3 4 5]
 [6 7 8]]
a.tolist 函数的结果:
[[0, 1, 2], [3, 4, 5], [6, 7, 8]]
```

可以看出,tolist 函数把矩阵 *a* 转化为一个由 3 个 list 组成的 list,注意这里并没有将矩阵直接转变为一维的 list。

3. 矩阵基本运算

使用 eye 函数可以生成单位矩阵,如下列代码所示:

```
i2 = np.eye(2)
print("二阶单位矩阵:")
print(i2)
i3 = np.eye(3)
print("三阶单位矩阵:")
print(i3)
输出结果为:
二阶单位矩阵:
[[1.0.]
 [0.1.]]
```

三阶单位矩阵：
```
[[1.0.0.]
 [0.1.0.]
 [0.0.1.]]
```

上面代码使用 eye 函数生成了二阶和三阶单位矩阵。

矩阵中元素的平均值、最大值、最小值可以通过分别使用 mean、max、min 函数求得，非常方便。如下面代码所示：

```
a = np.arange(9).reshape(3, 3)
print("矩阵 a 为:")
print(a)
print("a 中元素的平均值:")
print(np.mean(a))
print("a 中元素的最大值:")
print(np.max(a))
print("a 中元素的最小值:")
print(np.min(a))
```

输出结果为：

```
矩阵 a 为:
[[0 1 2]
 [3 4 5]
 [6 7 8]]
a 中元素的平均值:
4.0
a 中元素的最大值:
8
a 中元素的最小值:
0
```

向量求内积可以使用 dot 函数来计算，注意 dot 函数不仅可以作用在 NumPy 的 array 类型上，同时还可以作用在 Python 的 list 数据类型上，如下面代码所示：

```
b = np.arange(9)
c = [1 for _ in range(9)]
print("向量 b 为:")
print(b)
print("向量 c 为:")
print(c)
print("向量 b 和 c 的内积为:")
print(np.dot(b,c))
```

输出结果为：

```
向量 b 为:
[0 1 2 3 4 5 6 7 8]
向量 c 为:
[1, 1, 1, 1, 1, 1, 1, 1, 1]
向量 b 和 c 的内积为:
36
```

相同结构的矩阵相加和相减可以直接用运算符 "+" "-" 在矩阵之间运算，注意 "+" "-" 运算符作用于矩阵实际上实现的是矩阵对应元素的逐个相加和相减。如下面代码所示：

```
a = np.arange(9).reshape(3, 3)
print("矩阵 a 为:")
print(a)
b = np.array([2 for _ in range(9)]).reshape(3, 3)
print("矩阵 b 为:")
print(b)
print("a+b 为:")
print(a+b)
print("a-b 为:")
print(a-b)
输出为:
矩阵 a 为:
[[0 1 2]
 [3 4 5]
 [6 7 8]]
矩阵 b 为:
[[2 2 2]
 [2 2 2]
 [2 2 2]]
a+b 为:
[[ 2  3  4]
 [ 5  6  7]
 [ 8  9 10]]
a-b 为:
[[-2 -1  0]
 [ 1  2  3]
 [ 4  5  6]]
```

类似的，直接用 Python 的乘法运算符和除法运算符得到的是矩阵对应元素的逐个相乘和相除的结果。如下面代码所示：

```
print("a* b 为:")
print(a* b)
print("a/b 为:")
print(a/b)
```

输出结果为：

```
a* b 为:
[[ 0  2  4]
 [ 6  8 10]
 [12 14 16]]
a/b 为:
[[0.  0.5 1.]
 [1.5 2.  2.5]
 [3.  3.5 4.]]
```

如果要实现矩阵相乘的功能，可以使用 NumPy 的 matmul 函数，如下面代码所示：

```
a = np.arange(9).reshape(3, 3)
print("矩阵 a 为:")
print(a)
c = np.array([1 for _ in range(9)]).reshape(3, 3)
print("矩阵 c 为:")
print(c)
print("a 和 c 进行矩阵乘法的结果:")
print(np.matmul(a, c))
```

输出为：

```
矩阵 a 为:
[[0 1 2]
 [3 4 5]
 [6 7 8]]
矩阵 c 为:
[[1 1 1]
 [1 1 1]
 [1 1 1]]
a 和 c 进行矩阵乘法的结果:
[[ 3  3  3]
 [12 12 12]
 [21 21 21]]
```

容易验证矩阵乘法的结果是正确的。方阵求逆也是一种常见的矩阵运算，此时可以先转化为 NumPy 的 Matrix 类型，然后使用该类型的 I 函数实现求逆运算。如下面代码所示：

```
a = np.array([[1,3,2],[9,13,6],[-1,8,5]])
print("矩阵 a 为:")
print(a)
print("矩阵 a 求逆结果为:")
print(np.matrix(a).I)
```

输出结果为:

矩阵 a 为:

```
[[ 1  3  2]
 [ 9 13  6]
 [-1  8  5]]
```

矩阵 a 求逆结果为:

```
[[ 0.5        0.02941176 -0.23529412]
 [-1.5        0.20588235  0.35294118]
 [ 2.5       -0.32352941 -0.41176471]]
```

5.2.5 算法实现

完整的 AHP 同态加密算法实现依次由以下几个部分构成:包导入、参数生成、密钥生成、加密过程、解密过程、同态加法、主函数。

下面给出实现每个部分的代码。

1. 包导入

```
#导入 NunPy 包,以方便后面的矩阵运算
import numpy as np
```

2. 参数生成

```
#定义参数生成过程
def ParamGen(Rambda,dimension):
#这里几个参数的选取都是非常典型的安全设置
p=2**48+1
q=2**77
prec=20
#输出数据以检验其是否正确
print("p is:",p,",q is:",q,",prec is:",prec)
return p,q,prec
```

3. 密钥生成

```
#定义密钥生成过程
def KeyGen(Rambda,dimension,p,q,prec):
```

```
#判断参数的合法性
if type(p) ! = int:
    print("parameter p should be an integer")
    return -1
if type(q) ! = int:
    print("parameter q should be an integer")
    return -1
if type(prec) ! = int:
    print("parameter prec should be an integer")
    return -1
    #设置离散高斯分布的标准差和矩阵行数
deviation = 8.0
n_lwe = 3000
# 矩阵 R 和 S 取自离散高斯分布
R = np.random.normal(0, 8.0, n_lwe * dimension)
R = np.around(R)
R = R.astype(int)
R = R.reshape(n_lwe, dimension)
S = np.random.normal(0, 8.0, n_lwe * dimension)
S = np.around(S)
S = S.astype(int)
S = S.reshape(n_lwe, dimension)


# 矩阵 A 取自离散均匀分布
A = np.random.randint(0, 2* * 63, n_lwe * n_lwe)
A = A.reshape(n_lwe, n_lwe)
P = p * R-np.matmul(A, S)
#设置用于返回的密钥对
pk = (A, P, n_lwe, deviation)
sk = S
return pk, sk
```

4. 加密过程

```
def Enc(pk, m, p):
#判断参数的合法性
Length_of_pk = len(pk)
if Length_of_pk ! = 4:
    print("the format of parameter pk is not correct")
    return -1
if pk[0].shape[0]! = pk[2]:
```

```
        print("the 1st element of pk should be matrix with n rows")
        return -1
    if pk[0].shape[1]! = pk[2]:
        print("the 1st element of pk should be matrix with n columns")
        return -1
    if pk[1].shape[0]! = pk[2]:
        print("the 2nd element of pk should be matrix with n rows")
        return -1
    if pk[1].shape[2]! = m.shape[1]:
        print("the 2nd element of pk should be matrix with l columns")
        return -1
    if type(m) ! = np.ndarray:
        print("plaintext message should be an array in numpy")
        return -2


    #选择加密过程的参数
    e1 = np.random.normal(0, pk[3], len(pk[0]))
    e1 = np.around(e1)
    e1 = e1.astype(int)
    e1 = e1.reshape(1,len(pk[0]))


    e2 = np.random.normal(0, pk[3], len(pk[0]))
    e2 = np.around(e2)
    e2 = e2.astype(int)
    e2 = e2.reshape(1, len(pk[0]))


    e3 = np.random.normal(0, pk[3], m.shape[1])
    e3 = np.around(e3)
    e3 = e3.astype(int)
    e3 = e3.reshape(1, m.shape[1])


    #计算密文
    c1 = np.matmul(e1, pk[0])+p* e2


    c2 = np.matmul(e1, pk[1])+p* e3+m
    return c1, c2
```

5. 解密过程

```
def Dec(S, ciphertxt, p):
    #判断参数的合法性
```

```
Length_of_c = len(ciphertxt)
if Length_of_c ! =2:
  print("the ciphertext should be made of two vectors!")
  return -2
if c[0].shape[0]! = 1:
  print("the 1st part of ciphertext should be a vector!")
  return -3
if c[0].shape[1]! = S.shape[0]:
  print("the 1st part of ciphertext should be a vector with n elements!")
  return -3
if c[1].shape[0]! = 1:
  print("the 2nd part of ciphertext should be a vector!")
  return -4
if c[1].shape[1]! = S.shape[1]:
  print("the 2nd part of ciphertext should be a vector with l elements!")
  return -4
if type(S) ! = np.ndarray:
  print("the first parameter should be a ndarray in numpy")
  return -1


#开始计算明文
plaintext = np.matmul(ciphertxt[0], S)+ciphertxt[1]
plaintext = plaintext % p
return plaintext
```

6. 同态加法

```
def Homomorphic_Add(c_a, c_b):
  c1 = c_a[0]+c_b[0]
  c2 = c_a[1]+c_b[1]
  return c1,c2
```

7. 主函数

```
#主函数部分,测试前述函数
if _name_ ==' main_':
  a, b, c = ParamGen(128, 50)
  pk,sk = KeyGen(128,50,a,b,c)

  #生成一个随机的明文消息 m,用来测试加密是否正确
  message = np.random.randint(1,100,50)
```

```
message = message.reshape(1,50)
print("the message is:")
print(message)


ciper = Enc(pk, message,a)
m = Dec(sk, ciper,a)

print("the decryption of the encrypted message is:")
print(m)

#测试同态加法是否正确
#先生成两个明文消息
m1 = np.random.randint(1, 100, 50)
m1 = m1.reshape(1, 50)
print("the m1 is:")
print(m1)
m2 = np.random.randint(1, 100, 50)
m2 = m2.reshape(1, 50)
print("the m2 is:")
print(m2)


#加密 m1 和 m2
cipher1 = Enc(pk, m1, a)
cipher2 = Enc(pk, m2, a)


#进行密文加法
cipher_add = Homomorphic_Add(cipher1,cipher2)


#解密密文相加后的结果
print("decryption of addition of encrypted m1 and encrypted m2 is:")
print(Dec(sk, cipher_add,a))


#m1 和 m2 相加,并将结果与同态加法解密结果进行比较
print("add of m1 and m2 is:")
print(m1+m2)
```

运行该程序，结果如图 5-9 所示。从图 5-9 中可以看出：首先，加密和解密具有正确性，即加密的结果能够正确解密；其次，密文的同态加法运算具有正确性，即同态相加以后的结果解密后，与明文直接相加的结果相同。

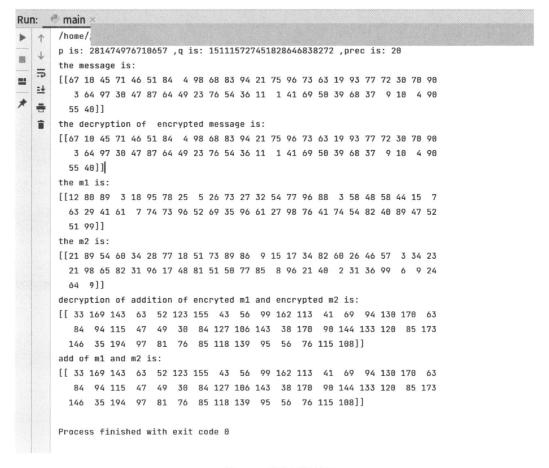

● 图 5-9 程序运行结果

5.3 同态加密在人工智能中的应用

本节在简要介绍人工智能目前的进展之后，给出人工智能目前面临的隐私保护需求，最后引出了人工智能和隐私保护的交叉方向——联邦学习，同时还介绍了同态加密在该方向的发展前景。

5.3.1 人工智能进展

人工智能是一种引发诸多领域产生颠覆性变革的前沿技术，当今的人工智能技术中最活跃的是机器学习技术，其在视觉、语音、自然语言等应用领域迅速发展。据 Sage 预测，到 2030 年，人工智能将为全球 GDP 带来额外 14% 的提升，相当于 15.7 万亿美元的增长。

全球范围内越来越多的政府和企业组织逐渐认识到人工智能在经济和战略上的重要性，并从国家战略和商业活动上开始涉足人工智能。

传统计算机技术是机器根据既定的程序来执行计算或者控制任务，人工智能可以理解为用机器不断感知、模拟人类的思维过程，使机器达到甚至超越人类的智能。通常认为，人工智能应用具有自学习、自组织、自适应、自行动的特点。

在人工智能科学诞生至今 60 多年的发展过程中，各行业的专家学者们做了大量的探索与实践。人工智能经历了三次发展高潮，分别是 1956—1970 年、1980—1990 年和 2000 年至今。1959 年 Arthur Samuel 提出了机器学习，推动人工智能进入了第一个发展高潮期。20 世纪 70 年代末期出现的专家系统，标志着人工智能从理论研究走向实际应用；20 世纪 80 年代~20 世纪 90 年代，随着美国和日本立项支持人工智能研究，人工智能进入第二个发展高潮期，人工智能相关的数学模型在这期间取得了一系列重大突破，如著名的多层神经网络、BP 反向传播算法等，算法模型准确度和专家系统进一步提升。其间，研究者专门设计了 LISP 语言与 LISP 计算机，最终由于成本高、难维护而失败；当前人工智能处于第三个发展高潮期，得益于算法、数据和算力三方面共同的进展。2006 年加拿大 Hinton 教授提出了深度学习的概念，极大地发展了人工神经网络算法，提高了机器自学习的能力，提升了人工智能应用的准确性，如语音识别和图像识别等。随着互联网和移动互联技术的普及，全球网络数据量急剧增加，海量数据为人工智能大发展提供了良好的土壤，如图 5-10 所示。

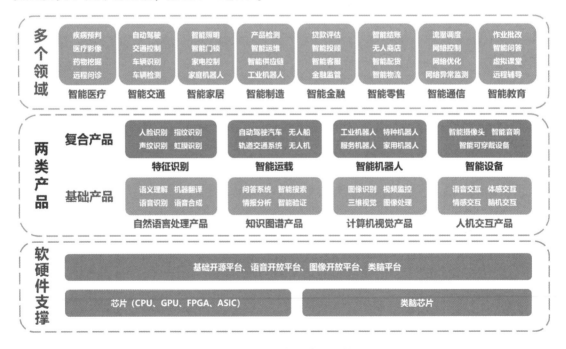

• 图 5-10 人工智能技术层次结构图

计算机视觉（Computer Vision，CV）是一门研究如何使机器"看"的科学，更进一步说，是指用摄影机和计算机代替人眼对目标进行识别、跟踪和测量的科学。近几年计算机视觉技术实现了快速发展，其主要学术原因是 2015 年基于深度学习的计算机视觉算法在 ImageNet 数据库上的识别准确率首次超过人类，同年 Google 也开源了自己的深度学习算法。计算机视觉系统的主要功能有图像获取、预处理、特征提取、检测/分割和高级处理。

自然语言处理（Natural Language Processing，NLP）是一门通过建立形式化的计算模型来分析、理解和处理自然语言的学科，也是一门横跨语言学、计算机科学、数学等领域的交叉学科。它是指用计算机对自然语言的形、音、义等信息进行处理，即对字、词、句、篇章的输入、输出、识别、分析、理解、生成等的操作和加工。自然语言处理的具体表现形式包括机器翻译、文本摘要、文本分类、文本校对、信息抽取、语音合成、语音识别等。可以说，自然语言处理就是要计算机理解自然语言，它的机制涉及两个流程，包括自然语言理解和自然语言生成。自然语言理解是让计算机把输入的语言变成有意思的符号和关系，然后根据目的再处理；自然语言生成则是把计算机数据转化为自然语言。实现人机间的信息交流，是人工智能界、计算机科学和语言学界所共同关注的重要问题。

自主无人系统是指能够通过先进的技术进行操作或管理而不需要人工干预的系统，是由机械、控制、计算机、通信、材料等多种技术融合而成的复杂系统。自主无人系统可应用到无人驾驶车辆、无人机、服务型机器人、空间机器人、海洋机器人、无人车间、智能工厂等场景中，并实现降本增效的作用。自主性和智能性是自主无人系统最重要的两个特征。人工智能无疑是发展智能无人自主系统的关键技术之一。利用人工智能的各种技术，如图像识别、人机交互、智能决策、推理和学习，是实现和不断提高系统这两个特征的最有效的方法。

5.3.2　人工智能面临的隐私保护挑战

一般情况下人工智能所需的数据会涉及多个领域，但是在大多数行业中，数据都是以数据孤岛的形式存在的。

基于行业竞争、用户隐私等考虑，数据整合存在很大阻力，要想把分散在各个地域、各个行业、各个机构之间的数据进行整合难度很大。

同时，数据的隐私保护受到各国的关注。欧洲联盟（简称"欧盟"）《通用数据保护条例》（General Data Protection Regulation，GDPR）于 2018 年 5 月 25 日生效，对企业收集、控制和处理个人数据的方式产生了深远影响。而且，并非位于欧盟的企业才会受到影响，事实上，任何与欧盟监管下的客户进行的业务，都需要遵守 GDPR。如果违反 GDPR，企业将面临高达 2000 万欧元或全球年营业额的 4% 的巨额罚款。

相较于欧盟 1995 年的《保护个人享有的与个人数据处理有关的权利以及个人数据自由流动的指令》（95 指令），2002 年的《关于电子通信领域个人数据处理和隐私保护的指令》，2009 年修订的《欧洲 Cookie 指令》，GDPR 的严苛体现在：第一，其管辖范围不受地理空间限制；第二，对个人数据范围的定义更加详尽；第三，对于违反规定的惩戒力度比之前所有的规定都严格。按照 GDPR 的规定，任何主体都具有对信息可能泄露行为的拒绝权，发生违规后针对企业的响应速度快。

GDPR 第三条地域范围规定，"本法适用于设立在欧盟内的控制者或者处理者对个人数据的处理，无论其处理行为是否发生在欧盟内""本法适用于对欧盟内的数据主体的个人数据处理，即使控制者和处理者没有设立在欧盟内"。通俗来讲就是，不论企业在不在欧盟，只要在欧盟进行"数据支付对价"，"数据监控"就受 GDPR 限制。

在中国，2017 年 6 月份开始实施的《中华人民共和国网络安全法》第四章"网络信息安全"对个人信息保护问题做了专章规定。《中华人民共和国网络安全法》在界定"个人信息"的定义和范围的基础上，确立了对个人信息收集和保管的基本规则，并针对不同的主体规定了相应等级的信息安全保护义务和法律责任，是我国对个人信息保护立法方面的重要进步，对个人信息保护具有重大意义。《中华人民共和国网络安全法》中相关规定包括如下几条。

- "第 40 条　网络运营者应当对其收集的用户信息严格保密，并建立健全用户信息保护制度。"
- "第 41 条　网络运营者收集、使用个人信息，应当遵循合法、正当、必要的原则，公开收集、使用规则，明示收集、使用信息的目的、方式和范围，并经被收集者同意。网络运营者不得收集与其提供的服务无关的个人信息，不得违反法律、行政法规的规定和双方的约定收集、使用个人信息，并应当依照法律、行政法规的规定和与用户的约定，处理其保存的个人信息。"
- "第 42 条　网络运营者不得泄露、篡改、毁损其收集的个人信息；未经被收集者同意，不得向他人提供个人信息。但是，经过处理无法识别特定个人且不能复原的除外。网络运营者应当采取技术措施和其他必要措施，确保其收集的个人信息安全，防止信息泄露、毁损、丢失。在发生或者可能发生个人信息泄露、毁损、丢失的情况时，应当立即采取补救措施，按照规定及时告知用户并向有关主管部门报告。"

上述第 42 条也被称作"大数据条款"。在强调保护个人信息的同时，有建设性地提出了"经过处理无法识别特定个人且不能复原的除外"，为个人信息数据在使用、交换和交易过程的合法性提供了法律依据。要求网络运营者对用户个人信息数据进行匿名化处理，技术上就是通过采用数据脱敏产品或技术手段，将涉及个人隐私的敏感数据进行脱敏处理，保证脱敏后的数据不能再识别出特定个人，并且信息不可逆（不可通过技术手段复原)。

上述这些法规对传统的人工智能数据处理模式提出了新的挑战,而人工智能界并没有很好的解决方案来应对。

5.3.3　联邦学习及同态加密应用

当前人工智能技术的发展面临两大挑战:一是数据安全难以得到保障,隐私数据泄露问题仍亟待解决;二是由于网络安全隔离和行业隐私,不同行业、不同部门之间存在数据壁垒。导致数据形成孤岛无法安全共享,而仅凭各部门独立数据训练的机器学习模型性能无法达到全局最优化。

什么是联邦学习呢?举例来说,假设有两个不同的企业 A 和 B,它们拥有不同的数据,如企业 A 有用户特征数据,企业 B 有产品特征数据和标注数据。这两个企业按照 GDPR 准则是不能粗暴地把双方数据加以合并的,因为它们各自的用户并没有机会同意这样做。假设双方各自建立一个任务模型,每个任务可以是分类或预测,这些任务也已经在获得数据时取得了各自用户的认可。那么,现在的问题是如何在 A 和 B 各端建立高质量的模型。但是,又由于数据不完整(如企业 A 缺少标签数据,企业 B 缺少特征数据),或者数据不充分(数据量不足以建立好的模型),各端有可能无法建立模型或效果不理想。

联邦学习的目的就是解决这个问题:它希望做到各个企业的自有数据不出本地,联邦系统可以通过加密机制下的参数交换方式,在不违反数据隐私保护法规的情况下,建立一个虚拟的共有模型。这个虚拟模型就好像大家把数据聚合在一起建立的最优模型一样。但是在建立虚拟模型时,数据本身不移动,也不会泄露用户隐私或影响数据规范。这样,建好的模型在各自的区域仅为本地的目标服务即可。

联邦学习根据数据集的情况可以分为三类:横向联邦学习、纵向联邦学习、联邦迁移学习。

横向联邦学习适用于参与者的数据特征重叠较多,而样本 ID 重叠较少的情况。例如,两家不同地区的超市的客户数据。首先,都是超市客户,所以数据特征差不多;其次因为客户来自不同地区,所以样本基本不重叠。"横向"二字来源于数据的"横向划分",联合多个参与者具有相同特征的多行样本进行联邦学习,对各个参与者的训练数据进行横向划分。横向联邦使训练样本的总数量增加,如图 5-11 所示。

纵向联邦学习适用于参与者训练样本 ID 重叠较多,而数据特征重叠较少的情况。例如,同一地区的银行和电商的共同的客户数据。因为客户来自同一个地区,所以样本 ID 重叠率较高,同时由于行业不同(银行、电商),关注客户的特征不同,所以数据特征不一样。"纵向"二字来源于数据的纵向划分。联合多个参与者共同样本的不同数据特征进行联邦学习，各个参与者的训练数据是纵向划分的，称为纵向联邦学习。纵向联邦学习需要先做样本对齐，即找出参与者拥有的共同样本，只有联合多个参与者的共同样本的不同特征进行纵向联邦学习才有意义。纵向联邦使训练样本的特征维度增多，如图 5-12 所示。

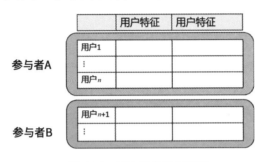

● 图 5-11　横向划分数据示例

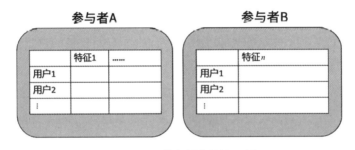

● 图 5-12　纵向划分数据示例

传统机器学习建模中，通常是把模型训练需要的数据集合到一个数据中心，再训练模型，然后再预测。横向联邦学习可以看作是基于样本的分布式模型训练，分发全部数据到不同的机器，每台机器从服务器下载模型，然后利用本地数据训练模型，之后返回给服务器需要更新的参数；服务器聚合各机器上返回的参数，更新模型，再把最新的模型反馈到每台机器。

在这个过程中，每台机器下都是相同且完整的模型，且机器之间不交流不依赖，每台机器也可以独立预测，可以把这个过程看成基于样本的分布式模型训练，如图 5-13 所示。

纵向联邦学习通常由几个步骤组成：首先，第三方协作者 C 向训练参与方 A 和 B 发送公钥，用来加密需要传输的数据；然后，A 和 B 分别计算和自己相关的特征中间结果，并加密交互，用来求得各自梯度和损失；接着，A 和 B 分别计算各自加密后的梯度并添加掩码发送给 C，同时 B 计算加密后的损失发送给 C；最后，C 解密梯度和损失后回传给 A 和 B，A 和 B 去除掩码并更新模型。

注意，这可能是一个循环往复的过程，也就是说，会反复执行过程以完成纵向联邦学习，如图 5-14 所示。

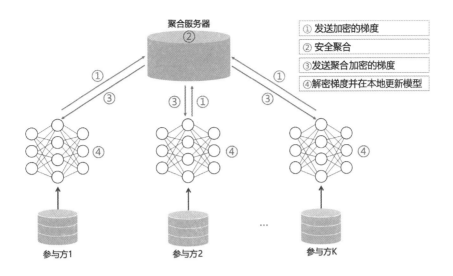

● 图 5-13　横向联邦学习的过程

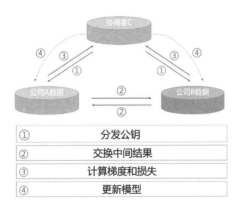

● 图 5-14　纵向联邦学习过程

同态加密一直是解决联邦学习过程中数据隐私性的利器。已经有一些研究工作使用加法同态加密算法在服务器端实现了安全的参数聚合，并通过这个功能实现了客户端模型的联邦学习；通过同态加密算法实现一些简单模型的联邦学习非常容易，文献［37］将同态加密辅以姚氏混淆电路实现了线性回归模型的隐私保护训练，文献［38］实现了安全的逻辑回归，文献［39］实现了神经网络更新参数的安全传递。

安全聚合方法是联邦学习中的一种常用范式，在一个服务器和多个客户机之间执行。安全聚合帮助客户机安全地传递参数给服务器，服务器将各客户机上传的参数进行聚合运算，同时服务器无法学习到关于这些参数的任何信息。文献［54］以同态加密作为基本工具实现了安全聚合。

第6章 同态加密编程实现

本章将介绍四个实用的全同态加密库及其对应的同态加密算法，包括 Charm-crypto 库、HElib 库、SEAL 库和 TFHE 库。

6.1 基于 Charm-crypto 库的同态加密

Charm-crypto 是快速原型高级加密系统框架。基于 Python 语言，它从头开始设计，以最大限度地减少开发时间和代码复杂性，同时促进组件的再利用。

6.1.1 Charm-crypto 库介绍

Charm-crypto 采用混合设计模式：在原生 C 模块中实现性能密集型数学运算，而加密系统本身则以可读的高水平语言编写。此外，Charm-crypto 还提供了一些新组件，以促进新计划和协议的快速发展。

Charm-crypto 的特点如下。

- 支持各种数学设置，包括整数环/字段、双线和非双线椭圆曲线组。
- 基础加密库，包括对称加密方案、哈希函数和 PRNG。
- 数字签名、加密、承诺等构建的标准 API。
- 简化多方协议实施流程的"协议引擎"。
- 交互式和非交互式 ZK 证明的集成编译器。
- 综合基准能力。

6.1.2 Charm 库的安装和配置

Charm-crypto 库在 Ubuntu16.04 和 Ubuntu18.04 均可以成功安装，以下是安装的相应步骤。

Charm-crypto 库在安装之前需要准备相应的 Python 环境，本书使用 Python 3.8.8 版本。

GMP 是一个免费的库，用于任意精确算术，使用签名整数、合理数字和浮点数字运行。除了运行 GMP 的机器中可用内存所暗示的精度之外，精度没有实际限制。GMP 具有丰富的功能集，并且具有常规接口。GMP 库的主要目标应用有密码学应用与研究、互联网安全应用、代数系统、计算代数研究等。GMP 库网址为 https://gmplib.org/，各个版本GMP 库的下载地址为 https://gmplib.org/download/gmp/，这里推荐安装 6.1.2 版本，不推荐使用 5.1.3 版本。

下载源码并解压，进入解压目录。

1）安装依赖库 m4。

```
apt install m4
```

2）使用以下命令编译安装，完成安装后系统会出现如图 6-1 所示的提示。

```
./configure &&make&&make install
```

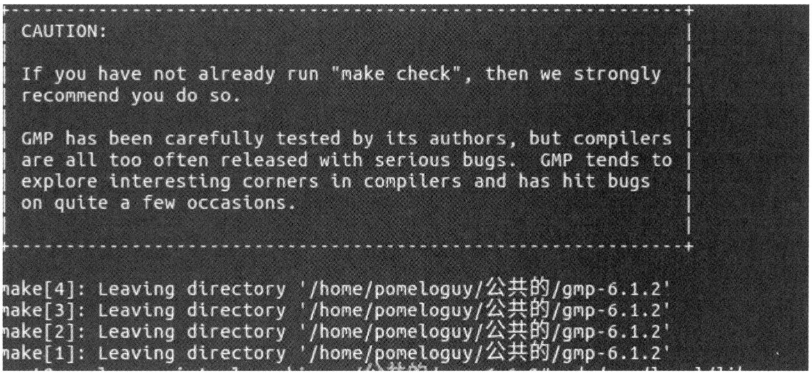

• 图 6-1 GMP 库源码编译完成的提示

3）进入库的安装文件夹查看，显示安装成功，如图 6-2 所示。

• 图 6-2 查看 GMP 库

PBC 库是一个免费的 C 库（根据 GNU 较小的普通公共许可证发布），建立在 GMP 库之上，执行基于配对的加密系统背后的数学操作。PBC 库旨在成为基于配对的加密系统实现的骨干，因此速度和便携性是重要目标。它提供椭圆曲线生成、椭圆曲线算术和配对计算等。PBC 库的地址是 https://crypto.stanford.edu/pbc/download.html，推荐安装 pbc 0.5.14 版本。下载到本地后，解压源码，进入解压目录。

1）安装依赖 flex 库。

```
.apt install flex
```

2）安装 bison 库。

```
.apt install bison
```

3）执行编译安装命令。

```
./ configure&&make&&make install
```

4）打开库文件夹看见 PBC 成功安装，如图 6-3 所示。

```
root@pomeloguy-virtual-machine:~/公共的/pbc-0.5.14# cd /usr/local/lib
root@pomeloguy-virtual-machine:/usr/local/lib# ls
libgmp.a    libgmp.so.10     libpbc.la      libpbc.so.1.0.0
libgmp.la   libgmp.so.10.3.2 libpbc.so      python2.7
libgmp.so   libpbc.a         libpbc.so.1    python3.5
root@pomeloguy-virtual-machine:/usr/local/lib#
```

• 图 6-3　查看 PBC 库

Charm 库的 github 地址为 https://github.com/JHUISI/charm，这里推荐下载 0.50 版本的源码，解压后进入该目录。

1）安装 libssl-dev（version：1.0.2）。

```
apt install libsll-dev
```

2）执行编译安装命令。

```
./configure.sh&&make&&make install
```

3）测试 Charm 库，如图 6-4 所示。

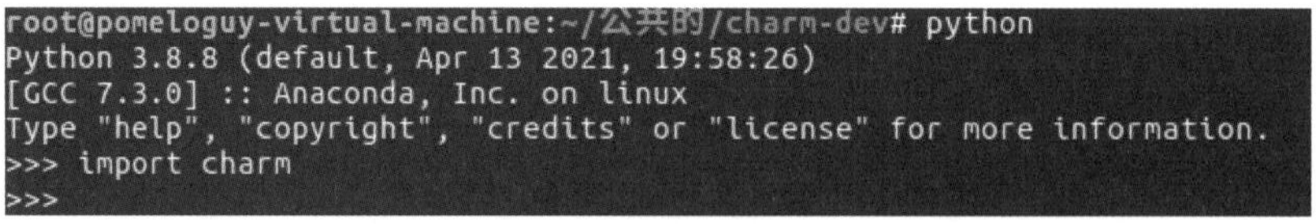

```
root@pomeloguy-virtual-machine:~/公共的/charm-dev# python
Python 3.8.8 (default, Apr 13 2021, 19:58:26)
[GCC 7.3.0] :: Anaconda, Inc. on linux
Type "help", "copyright", "credits" or "license" for more information.
>>> import charm
>>>
```

• 图 6-4　测试 Charm 库

至此，Charm-crypto 安装成功。

6.1.3　Paillier 半同态加密算法原理

Paillier 加密算法是 Paillier 在 1999 年发明并命名的，是一种经典的非对称加密算法。

整个加密算法的安全性基于 n 次剩余类的困难问题。

Paillier 加密算法的步骤如下。

1）公私钥的生成。选择两个大素数 p，q，得到 $n=pq$，保证 $\gcd((p-1)(q-1),n)=1$。计算 $\lambda=\mathrm{lcm}(p-1,q-1)$。定义 $L(x)=(x-1)/n$，再随机选取 $g\in Z_{n^2}^*$，可以通过检查 $\mu=L(g^\lambda \bmod n^2)^{-1}\bmod n$ 来确保 g 的阶数可以被 n 整除。把 (n,g) 作为公钥，(λ,μ) 作为私钥。

2）加密。对于明文 $0\leqslant m<n$，选择一个随机数 $0<r<n$，计算出密文 $c=g^m r^n \bmod n^2$。

3）解密。对于密文 $c\in Z_{n^2}^*$，计算 $m=L(c^\lambda \bmod n^2)\cdot\mu\bmod n$。

6.1.4　基于 Charm-crypto 库的 SVM 应用实现

本小节将以 SVM 应用为例，展示多方模型参数在密文下进行聚合的计算，其中密文运算是利用 paillier 算法的半同态特性进行密文乘法运算。

1）准备阶段。从 Charm 库中导入 SVM 实现的方法。

```
import time
from charm.toolbox.integergroup import RSAGroup
from charm.schemes.pkenc.pkenc_paillier99 import Ciphertext, Pai99
import keras
import numpy as np
from keras.datasets import mnist
from sklearn.svm import LinearSVC
from sklearn.metrics import accuracy_score
from sklearn.model_selection import train_test_split
from sklearn.linear_model import SGDClassifier
import time
```

2）数据准备。导入相应数据集。

```
(x_train,y_train),(x_test,y_test) = mnist.load_data()
#将训练集和测试集合并
x = np.concatenate((x_train,x_test),axis = 0)
y = np.concatenate((y_train,y_test),axis = 0)
x = x.reshape(70000,784)
x = x.astype('float32')
x /= 255
#随机抽取十分之一的数据集作为测试集
x_train,x_test,y_train,y_test = train_test_split(x,y,test_size = 0.1,random_state = 666)
iterations = 10
clients = 11
```

3）密钥生成。生成公钥和私钥。

```
#生成公钥和私钥
file = open("consuming_times.txt","a")
start = time.time()
group=RSAGroup()
pai=Pai99(group)
pk,sk = pai.keygen(secparam=128)
gen_public_param_time = time.time()-start
```

4）模型训练。每个客户端获得训练出的模型。

```
for i in range(iterations):
  #每个client需要用各自的第i份数据训练模型
  start = time.time()
  for j in range(clients):
    models[j].partial_fit(train_x[j][i],train_y[j][i],classes=np.array([0,1,2,3,4,5,6,7,8,9]))
  gen_model_time = time.time()-start
  local_train_time+= gen_model_time
  print(i,"'th iteration fit OK")
  y_predict = models[0].predict(x_test)
  print(i,"'th accuracy:",accuracy_score(y_test,y_predict))
  acc_list.append(accuracy_score(y_test,y_predict))
  #保存每个模型的参数
  model_weights = []
  #开始训练模型
  for j in range(clients):
    model_weights.append(get_1D_modelWeights_SVM(models[j]))
```

5）模型加密。每个客户端将训练的模型进行加密。

```
start = time.time()
for j in range(clients):
  print(j)
  print("svm:client"+":enc")
  enc_model = Encrypt_model(pai,pk,model_weights[j])
  print("enc_model len:",len(enc_model))
  enc_models.append(enc_model)
```

6）聚合运算。进入聚合节点聚合。

```
all_sum_model = []
for k in range(len(enc_models[0])):
```

```
temp_sum=pai.encrypt(pk,0)
for j in range(clients):
  temp_sum+= enc_models[j][k]


all_sum_model.append(temp_sum)
```

7）模型解密。聚合后的参数传回客户端解密，进入下一轮迭代。

```
for j in range(clients):
    print(str(j)+"client")
    temp = Decrypt_list(pai,all_sum_model,sk,pk)
    temp = TransformModel_into_float(temp)
    temp = np.array(temp)
    temp = temp/clients

    coefs,intercepts = recover_svm_from_1D(models[j],temp)
    models[j].coef_ = coefs
    models[j].intercept_ = intercepts
```

8）迭代结果如图 6-5 和图 6-6 所示。

●图 6-5　第 8 次迭代结果

●图 6-6　第 9 次迭代结果

可以看到这里将加密算法成功应用到 SVM 模型上，在保证了聚合加密的前提下，迭代后也有较为优异的结果。

6.2　基于 HElib 库的同态加密

HElib 是 IBM 用 C++编写的一个开源的同态加密库，是一个实现同态加密的软件库。该库在 2018 年进行了一次重写，主要目标是提高性能、减少自同构的数量和降低每个自同构的成本，改进后的新算法在典型参数上提速了 30~75 倍。

6.2.1　HElib 库介绍

HElib 是 2013 年由 Halevi 和 Shoup 在 Apache v2.0 许可下发布的 C++开源软件库。它

实现了同态加密 BGV 方案的 RLWE 版本和许多优化，使同态评估运行更有效。它的优化包括利用 NTL 数学库进行多项式算法和多线程优化、实现 Smart-Vercauteren 密文打包技术、重新线性化和自举。HElib 具有针对 Linux 和 macOS 系统的本地实现。

可以将 HElib 看作一种汇编语言，它的硬件平台就是底层 FHE 方案。底层 FHE 方案定义了可以进行的同态操作及其成本。同汇编语言一样，HElib 也是相当低级的，因为它只执行集合、加、乘和移位等计算。目前该库主要针对从事同态加密研究工作的研究人员，而不是应用和生产。

HElib 库可以分为两个主要层，即数学层和密码学层。底层属于数学层，包含用于实现数学结构和各种其他实用程序的模块；第二层也属于数学层，实现了计算多项式的双中国剩余定理（Double-Chinese Remainder Theorem，Double-CRT）。Double-CRT 是一个至关重要的函数，因为 HElib 只在 Double-CRT 表达的多项式上进行运算，而其他 FHE 方案处理的是明文的系数表达。Double-CRT 有能够在线性时间内计算加法和乘法的优势，但是在系数表达和 Double-CRT 表达之间的转换开销是巨大的，同时每次乘法后都需要进行密钥转换步骤；第三层属于密码层，实现密钥生成、加密、解密和评估等算法；最后，顶层提供了使用密码系统操作明文数组的接口。

需要注意的是，在 HElib 中，加密算法并不是直接加密整数，而是加密向量 $v \in F^n$，其中 F 可以使用用户选择的任何有限域。v 的长度不是由用户选择的，而是由系统中的其他参数决定的。一般情况下，向量的长度范围为 $n \in [100, 1000]$。在密文向量上进行操作使得 HElib 与 SIMD 的体系结构环境非常相似。

如前所述，HElib 中每个操作的开销取决于所设置的参数。一般来说，加法运算的开销是最小的，而两个向量的乘法运算的开销是最大的，见表 6-1。

表 6-1　HElib 操作及其时间和噪声的开销

操　作	时间开销	噪声增长
加常量	小	小
加法	小	小
乘常量	小	中等
乘法	大	大
旋转	大	小

HElib 于 2018 年进行了一次改进，提高了其可靠性、健壮性和性能。改进包括引入许多新的算法、更优化的参数，以及显著改进的自举过程等。

6.2.2　HElib 库的安装和配置

HElib 库的官方下载地址为 https://github.com/homenc/HElib.git。

HElib 已 经 在 Ubuntu 18.04、Ubuntu 20.04、Fedora 32、Fedora 33、CentOS 7.8、CentOS 8.2、macOS Mojave >= 10.14.6 和 macOS Catalina >= 10.15.7 等操作系统上进行了安装与测试。有两种方法可以构建和安装 HElib：第一种方法是自动下载并构建 GMP 和 NTL 的依赖，并将库打包到一个可重定位的文件夹中；第二种方法需要系统中已经安装依赖并可用。

两种方式都需要以下的环境或工具。

- GNU make >= 3.82。
- pthrcads。
- git >= 1.8.3（需要构建和运行 HElib 测试套件）。

Linux 操作系统环境。

- g++ >= 7.3.1。
- cmake >= 3.10.2。

macOS 操作系统环境。

- Apple clang >= 11.0.0（适用于 macOS 测试版本的最新 Xcode）。
- Xcode Command Line Tools（可以使用命令 xcode-select --install 在终端中安装）。
- cmake >= 3.17.3。

1. 安装包

这个选项将 HElib 库及其依赖（NTL 和 GMP）绑定在一个目录中，然后可以在系统上自由移动这个目录。NTL 和 GMP 将自动获取和编译。它可以全局安装（如在/usr/local 下）。如果没有指定 CMAKE_INSTALL_PREFIX，会默认全局安装，但这应该谨慎操作，因为 NTL、GMP 或 HElib 的现有版本将被覆盖。在这种情况下需要额外的两个环境条件。

- m4 >= 1.4.16。
- patchelf >= 0.9（Linux 环境下）。

注意，如果从方法二改为方法一构建 HElib 库，使用空目录进行构建会更安全。

安装步骤及所需指令如下。

1）创建一个目录，通常与 src 在同一目录下。

```
cd Helib
mkdir build
cd build
```

2）运行 cmake 配置步骤，并声明想要安装的位置。

```
-DPACKAGE_BUILD=ON -DCMAKE_INSTALL_PREFIX=/home/alice/helib_install
```

此处可以增加其他的声明，如使用−DENABLE_TEST＝ON 启用 HElib 测试。如果出现 googletest 框架无法下载的问题，建议使用 VPN。

3）编译安装。指定一个可选的线程数（本例中为 16）。

```
make -j16
```

4）（可选）如果在第 2）步中使用了−DENABLE_TEST＝ON 开关，可进行 HElib 测试。

```
ctest
```

测试完成并且通过后可能的提示如图 6-7 所示。

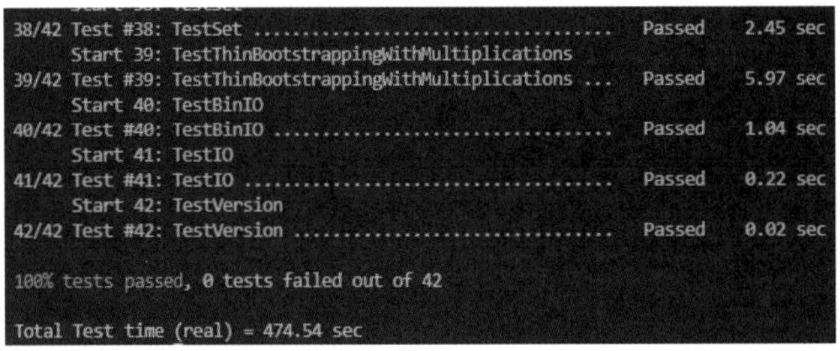

● 图 6-7　测试完成后可能的提示

详细的 HElib 测试日志可以在 Testing/Temporary/LastTest. log 中找到。

5）（可选）运行安装步骤，将 HElib_pack 文件夹复制到 ${CMAKE_INSTALL_PREFIX} 路径下（在本例中为/home/alice/HElib_install）。

```
install
```

如果 CMAKE_INSTALL_PREFIX 被保留为默认的/usr/local 或其他系统范围的路径，第 5）步可能需要 sudo 权限。

2. 安装库

这个方法需要自行构建 HElib，并根据系统上已有的依赖项（NTL 和 GMP）进行链接。通过这种方式，可以移动 HElib 库，但不能移动其依赖（NTL 和 GMP），因为它们是绝对路径。使用这个方法必须自己构建 GMP ＞＝6.0.0 和 NTL ＞＝11.4.3。在整个安装选项中，假定环境变量 $GMPDIR 和 $NTLDIR 分别指向 GMP 和 NTL 的安装目录。

注意，如果从方法一改为方法二构建 HElib 库，使用空目录进行构建会更安全。

安装步骤及所需指令如下。

1）创建一个目录，通常与 src 在同一目录下。

```
cd Helib
mkdir build
cd build
```

2）运行 cmake 配置步骤，并声明想要安装的位置。

```
-DGMP_DIR="${GMPDIR}" -DNTL_DIR="${NTLDIR}"
-DCMAKE_INSTALL_PREFIX=/home/alice/helib_install
```

3）编译安装。指定一个可选的线程数（本例中为 16）。

```
make -j16
```

4）（可选）如果在第 2）步中使用了 –DENABLE_TEST = ON 开关，可进行 HElib 测试：

```
ctest
```

详细的 HElib 测试日志可以在 Testing/Temporary/LastTest. log 中找到。

5）运行安装步骤，将文件夹复制到 ${CMAKE_INSTALL_PREFIX} 路径下（在本例中为/home/alice/helib_install）。

```
make install
```

如果 CMAKE_INSTALL_PREFIX 被保留为默认的/usr/local 或其他系统范围的路径，第 5）步可能需要 sudo 权限。

3. 构建依赖

（1）GMP 依赖

从 http://www. gmplib. org 下载 GMP，并确保 GMP 的版本大于等于 6.0.0，解压并 cd 到目录下，以标准的 UNIX 方式编译。

```
./configure
make
sudo make install
```

默认情况下，将 GMP 安装到/usr/local 中。

（2）NTL 依赖

从 http://www. shoup. net/ntl/download. html 下载 NTL，并确保 NTL 的版本大于等于 11.4.3，解压并 cd 到目录下，照标准的 UNIX 方式配置、构建和安装。

```
./configure NTL_GMP_LIP=on SHARED=on NTL_THREADS=on NTL_THREAD_BOOST=on
make
make install
```

安装 NTL 到/usr/local。

（3）HElib 构建选项

1）通用选项有如下几个。

- BUILD_SHARED=ON/OFF（默认为 OFF）：构建为共享库。请注意，如果 NTL 没有构建为共享库，那么构建 HElib（无论 BUILD_SHARED 如何）都会失败。NTL 的默认值是静态库，要将 NTL 构建为共享库，请在步骤 1）中配置 shared=on。

- CMAKE_BUILD_TYPE（默认是 RelWithDebInfo）：选择构建类型，选项包括 Debug、RelWithDebInfo、Release 和 MinSizeRel。

- CMAKE_INSTALL_PREFIX：期望的 HElib 安装目录。

- ENABLE_TEST=ON/OFF（默认为 OFF）：启用测试。这将包括一个自动下载稳定版谷歌测试框架（googletest v1.10.0）的步骤。

- ENABLE_THREADS=ON/OFF（默认为 ON）：启用多线程支持。当且仅当 NTL 使用 NTL_THREADS=ON 构建时，该选项必须打开。

- PEDANTIC_BUILD=ON/OFF（默认为 ON）：在构建期间使用-Wall -Wpedantic -Wextra -Werror。

- HELIB_DEBUG=ON/OFF（默认为 OFF）：在构建 HElib 时激活调试模块（通过定义 HELIB_DEBUG 宏）。当调试模块处于活动状态时，将生成用于调试目的的额外信息。当使用 cmake 时，HELIB_DEBUG 将传递到使用 HElib 的程序。当启用此功能时，使用 HElib 的程序将在配置期间生成一个警告。这是为了提醒用户，如果初始化不正确，使用调试模块可能会出现问题，比如 sigsegv。

安装包专用的参数如下。

- PACKAGE_DIR：安装位置。默认为 ${CMAKE_INSTALL_PREFIX} /HElib_pack。

- FETCH_GMP：是否获取和构建 GMP，默认为 ON。如果设置为 OFF，应该存在一个系统安装的 GMP 库，或者 GMP_DIR 应该指向一个有效的 GMP 前缀。

- GMP_DIR：GMP 库前缀。如果 FETCH_GMP=ON 则忽略。

安装库专用的参数如下。

- GMP_DIR：GMP 库前缀。

- NTL_DIR：NTL 库前缀。

2）HElib 库的使用方法如下。

- 标准方法：在安装包或安装库的方法中运行 make install 之后，可以在 lib 中找到需要链接的共享库文件，并在 include 中找到头文件。

- 用 cmake 构建包：如果在 cmake 项目中使用 HElib，需要在 CMakeLists.txt 中包含以下指令。

```
find_package(helib)
```

使用以下指令执行 cmake 步骤。

```
-Dhelib_DIR=<helib install prefix>/share/cmake/helib
```

6.2.3　BGV 全同态加密算法原理

2009 年，Gentry 构造出第一个全同态加密方案，摘取了"密码学圣杯"。Gentry 基于理想格上的 ICP 假设，并结合稀疏子集和与循环安全假设，开创性地构造了一个具体的全同态加密方案。

2011 年，斯坦福大学的 Zvika Brakerski 教授与多伦多大学的 Vinod Vaikuntanathan 教授基于 LWE 与 RLWE 分别提出了 BV 全同态加密方案，其核心技术是重线性化和模转换。该方案完全基于 (R)LWE 问题的困难性。

在随后的 2012 年，Zvika Brakerski 教授、Vinod Vaikuntanathan 教授与 IBM 的 Craig Gentry 研究员三人共同提出了 BGV 全同态加密方案，作为 BV 方案的改进。它是一种层次全同态加密方案（Leveled Fully Homomorphic Encryption，LFHE），这意味着该方案的参数依赖于其能够评估的电路深度，在理论上能够评估任意多项式大小的电路，而且不需要自举。此外，相较于 Gentry 方案，BGV 方案放弃了管理噪声的自举步骤，尽量使用模转换步骤，极大地提高了性能，并基于较弱的安全性假设。

BGV 方案允许用户选择使用基于 RLWE 版本的 BGV 或基于普通 LWE 版本的 BGV，其主要区别在于 RLWE 的性能更高。在一个 LWE 实例中，$R = \mathbb{Z}_q^n$ 是整数模 q 的维数为 n 的环，在 RLWE 实例中，这个环变为 $R = \mathbb{Z}[x]_q/(x^d+1)$，其中 $d = 2^n$，它本质上是次数小于 d 且系数取 q 模的多项式。

BGV 方案的具体步骤包括以下 7 个函数。

1）参数生成 ParamGen(λ, μ, b)：输入安全参数 λ 和 μ，以及一个比特 $b \in \{0,1\}$ 来设置 LWE 的参数。它输出参数集 params $= (q, d, n, \chi)$，其中 $q = q(\lambda)$ 是一个奇密文模数，$d = d(\lambda)$ 是 2 的幂，$n = n(\lambda)$ 是系统的维度，χ 是用于采样噪声的高斯分布。

2）私钥生成 SecKeyGen（params）：输入参数集 params，在基础的方案中，密钥 sk 是噪声分布 χ 的采样，属于环 R。记为 $sk = s = (1, s'[1], \cdots, s'[n]) \in R_q^{n+1}$ 且 $s' \leftarrow \chi^n$，其中 $s'[i]$ 是 s' 的第 i 个系数。

3）公钥生成 PubKeyGen（params）：输入参数集 params，公钥生成 PubKeyGen（params）。首先调用私钥生成 SecKeyGen（params）来生成所需的私钥 sk，从 sk 中提取 s'。随

后从环 $R_q^{N \times n}$ 中随机生成一个 $N \times n$ 矩阵 $\boldsymbol{A}'$，其中 $N = \lceil (2n+1)\log q \rceil$ 且噪声项 $e \leftarrow \mathcal{X}^n$。令 $b \leftarrow \boldsymbol{A}'s' + 2e$ 且令 $\boldsymbol{A}$ 为由 b 和 n 列矩阵 $-\boldsymbol{A}'$ 拼接成的 $n+1$ 列矩阵。最终返回公钥 $pk = \boldsymbol{A}$。

4）加密 $\text{Enc}(\text{params}, m, pk)$：输入参数集 params、消息 $m \in \{0,1\}$ 和公钥 pk。首先将 m 通过构造 $m = (m, 0, \cdots, 0) \in R_q^{n+1}$ 映射到环 R_q^{n+1} 上，随后从 R_2^N 中采样噪声 r。输出密文 $c \leftarrow m + \boldsymbol{A}^{\mathrm{T}} r \in R_q^{n+1}$。

5）解密 $\text{Dec}(sk, c)$：输入密钥 sk 和密文 c，解密步骤输出密文 c 和私钥 s 点积模 q 模 2 的结果 $m \leftarrow [[[c, s]]_2]_2$。

6）同态加 $\text{EvalAdd}(c_1, c_2)$：输入相同密钥 sk 加密的两个密文 c_1 和 c_2，输出 $c_3 = \{(c_{1,0} + c_{2,0}), \cdots, (c_{1,n+1} + c_{2,n+1})\}$。

7）同态乘 $\text{EvalMult}(c_1, c_2)$：输入相同密钥 sk 加密的两个密文 $c_1 = (c_{1,0}, c_{1,1})$ 和 $c_2 = (c_{2,0}, c_{2,1})$，输出 $c_3 = \{(c_{1,0} * c_{2,0}), c_{1,0} * c_{2,1} + c_{1,1} * c_{2,0}, (c_{1,1} * c_{2,1})\}$。

在原始的 BGV 方案中，密文会因为同态乘而增长，如上步骤 7）所示。当对 BGV 中的明文执行 d 次多项式乘法时，得到的密文会有 $d+1$ 个环上的元素。在 BFV 方案中会使用重线性化密文的方法来解决这个问题，这将在下一节进行详细的说明。

如果要将该方案改进为全同态加密方案，则需要在对密文进行同态加或同态乘之后刷新密文。刷新密文调用一个缩放函数来进行模转换和密钥转换，将模数和密钥转换为结果密文对应的模数和密钥。通过刷新密文与自举的过程相结合，可以实现全同态加密方案。

后来，研究人员对 BGV 方案利用批处理进行了一个很好的优化。批处理的主要思想是将多个明文打包到一个密文中，这样一个函数可以在多个输入上同态计算，其开销与在一个输入上同态计算几乎相同。此外，研究人员对 BGV 方案做了大量包括批处理在内的优化，对 BGV 方案的研究越来越深刻、完善，效率也越来越高。（优化后的）BGV 方案是目前最高效的全同态加密方案之一。

尽管 BGV 方案只能在整数上进行计算，不能运算复数或实数，但在 2018 年举行的同态加密标准化研讨会上，BGV 方案仍然被选为 HE 的推荐方案。

6.2.4 基于 HElib 库的多项式运算实现

本小节将通过 HElib 库 BGV 方案中的 BGV_packed_arithmetic 样例算法为例，展示 BGV 方案可以在打包的 24 个槽的密文上执行的多项式运算，其中密文运算包括如下几种。

- 打包的密文加法与减法。
- 密文正整数幂的计算。
- 密文乘法逆元的计算。

本实验完成的同态运算为 $\dfrac{2(a \times a)}{a \times a} - \dfrac{2(a \times a)}{a \times a}$，其中 a 为 24 个打包的明文加密后的密文向量。实验的部分代码如下。

1）设置阶段。首先设置明文素数模 p、分圆多项式 m（定义 $\phi(m)$）、Hensel lifting（默认为 1）、模链的比特数和密钥交换矩阵的列数 c（默认为 2 或 3）。

```
unsigned long p = 4999;
unsigned long m = 32109;
unsigned long r = 1;
unsigned long bits = 500;
unsigned long c = 2;
```

随后创建一个对象生成并保存实验所需的代数信息，同时确定安全级别（本实验中安全级别为 62.4783）。

```
helib::Context context = helib::ContextBuilder<helib::BGV>()
.m(m).p(p).r(r).bits(bits).c(c).build();
```

2）密钥生成。调用封装的密钥生成函数，根据第 1）步中的参数生成实验所需的私钥和公钥。

```
helib::SecKey secret_key(context);
secret_key.GenSecKey();
helib::addSome1DMatrices(secret_key);
const helib::PubKey& public_key = secret_key;
const helib::EncryptedArray& ea = context.getEA();
long nslots = ea.size();
```

3）加密。使用第 1）步中的参数构造拥有 24 槽的明文，并初始化为 [0，1，…，23]。随后使用公钥初始化密文，再对明文进行加密，得到相应密文。

```
helib::Ptxt<helib::BGV> ptxt(context);
for (int i = 0; i < ptxt.size();++i){
  ptxt[i] = i;
}
helib::Ctxt ctxt(public_key);
public_key.Encrypt(ctxt, ptxt);
```

4）同态运算。本实验中将在密文下计算 $\dfrac{2(a \times a)}{a \times a} - \dfrac{2(a \times a)}{a \times a}$，其中 a 为第 3）步中得到的密文。

```
ctxt.multiplyBy(ctxt);
helib::Ctxt ctxt_divisor(ctxt);
```

```
ctxt_divisor.power(p-2);
ctxt.multiplyBy(ctxt_divisor);
ctxt+= ctxt;
ctxt -= ctxt;
```

5）解密。创建一个明文向量以存放使用私钥解密密文后的结果，然后对密文进行解密。

```
helib::Ptxt<helib::BGV> plaintext_result(context);
secret_key.Decrypt(plaintext_result.ctxt);
```

6）检测与分析。从实验结果可知，在密文上进行运算与在明文上进行运算结果相同，如图 6-8 所示。

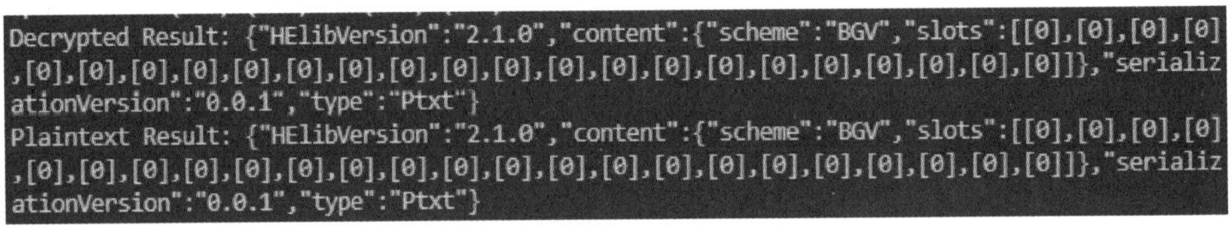

Decrypted Result: {"HElibVersion":"2.1.0","content":{"scheme":"BGV","slots":[[0],[0],[0],[0],[0],[0],[0],[0],[0],[0],[0],[0],[0],[0],[0],[0],[0],[0],[0],[0],[0],[0],[0]]},"serializationVersion":"0.0.1","type":"Ptxt"}
Plaintext Result: {"HElibVersion":"2.1.0","content":{"scheme":"BGV","slots":[[0],[0],[0],[0],[0],[0],[0],[0],[0],[0],[0],[0],[0],[0],[0],[0],[0],[0],[0],[0],[0],[0],[0]]},"serializationVersion":"0.0.1","type":"Ptxt"}

• 图 6-8　基于 HElib 库的多项式运算结果

6.3　基于 SEAL 库的同态加密

SEAL 是由 Microsoft 开发的开源同态加密库，使用 C++ 语言编写，具有简单易用的特点。SEAL 库的设计基于云计算场景，允许云服务器在密文状态下进行相应的运算，以此达到隐私计算的目的。目前，SEAL 同态加密库已经在学术界和工业界得到了广泛的应用。

6.3.1　SEAL 库介绍

SEAL 同态加密库的开发始于 2015 年，并于 2018 年开源，截至 2022 年 4 月 19 日的最新版本是 3.7.2。SEAL 提供了 C++ 和 C# 的 API，可以用于 Windows、Linux、macOS、Android 和 iOS 上的隐私保护应用开发。SEAL 库目前支持 FV 和 CKKS 两种同态加密方案。与原有的 FV 同态加密方案相比，SEAL 库中的 FV 同态加密方案实现进行了大幅改进。原有的方案中明文空间与 SEAL 改进的 FV 方案的明文空间均为 R_t，但与原方案的密文空间 $R_q \times R_q$ 不同的是，SEAL 改进的 FV 方案的密文空间是 $2n \times R_q$，$n = 1$，2，3，…，这样的改进使得 SEAL 中的 FV 同态支持任意长度的密文计算。但这样的改进同样存在弊端，会丧失 FV 同态加密方案的紧凑性，同样地，也需要对密文计算进行改进，使其支持任意长度的密文进行密文运算。

需要注意的是，虽然 SEAL 同态加密库提供了较为易用的 API，但是 SEAL 库的学习依然十分困难，要使用 SEAL 库写出性能良好的隐私保护应用并非易事。SEAL 库要求使用者对于同态加密的相关概念非常熟悉，否则使用 SEAL 编写出的应用的性能会非常低。同样地，SEAL 的开发者也建议使用者根据实际应用场景的计算类型编写代码，如果只是简单地重用示例中的代码或他人的代码，则可能会严重影响实际使用。

为了方便使用，SEAL 库提供了非常详尽的示例代码，详细介绍了各个同态加密方案的使用方式以及各个参数的意义和设置方法。所有的示例代码都在 /SEAL/native/examples 文件夹中，完成 SEAL 库的安装后，在/SEAL/build/bin 目录下通过运行 ./sealexamples 即可运行上述示例代码。

SEAL 库主要提供了以下 7 个例子。

（1）1_bfv_basics. cpp

本例提供了使用 SEAL 中的 FV 方案进行密文下多项式运算的示例代码，并对 FV 方案中的参数设置等进行了非常详尽的介绍，对于刚刚接触 SEAL 的用户而言，最适合使用本例进行入门。

（2）2_encoders. cpp

本例介绍了 SEAL 中所提供的三种编码器，分别是 IntegerEncoder、BatchEncoder 和 CKKSEncoder。其中，IntegerEncoder 和 BatchEncoder 仅可在 SEAL 中的 FV 同态加密方案中使用，而 CKKSEncoder 仅可在 SEAL 中的 CKKS 同态加密方案中使用。Encoder 的作用是将一个来自用户的信息编码成一个 SEAL 中可以使用的明文多项式。

（3）3_levels. cpp

本例对于 FV 同态加密方案和 CKKS 同态加密方案中层级的概念进行了讨论。在 SEAL 中，一组加密参数由 256 位的哈希值唯一标识，这使得在使用中可以很轻松地使用和获取参数。但是，只要其中任何一个参数发生了变化，这个哈希值也会发生改变。为了解决这个问题，SEAL 创建了一个从原始参数集派生出的加密参数链。通过这种方式，可以轻松地获取所有的参数集，从而更好地执行模数转换操作。

（4）4 _ckks_basics. cpp

本例介绍了如何使用 SEAL 库中的 CKKS 同态加密方案，详细介绍了该方案中特有的 Rescaling 操作。CKKS 同态加密方案中，Rescaling 操作在密文乘法后进行，以减小乘积多项式的大小以及稳定多项式的扩张。为了能够进行密文乘法，欲进行密文乘法的密文需要使用相同的加密参数进行加密。为了达到这一目的，需要用到在 3_levels. cpp 所提到的模数转换操作。本例中，实现了对不同的浮点数 x 执行 $\pi x^3 + 0.4x + 1$ 的多项式运算。

（5）5_rotation. cpp

本例演示了在 SEAL 库中的 FV 同态加密方案和 CKKS 同态加密方案中如何使用密文向量的循环旋转功能。

（6）6_serialization. cpp

在隐私保护计算场景中，会大量涉及密文的传输，因此密文的序列化是必不可少的功能。本例演示了 FV 同态加密方案和 CKKS 同态加密方案中的密文序列化和序列化操作。

（7）7_performance. cpp

本例测试了 SEAL 中的 FV 和 CKKS 同态加密方案的运算性能，测试结果包含了各种操作所用的时间。性能测试支持使用默认的加密参数以及用户设定的加密参数。

6.3.2　SEAL 库的安装与配置

SEAL 同态加密库支持在 Windows、Linux、macOS 和 Android 操作系统上安装，接下来以 Ubuntu 20. 04 操作系统为例，演示 SEAL 同态加密库的安装流程。在其他操作系统上安装 SEAL 库的步骤可以在 SEAL 库的 Github 主页（https://github. com/microsoft/SEAL）上找到。

SEAL 库在 Linux 上的安装要求不低于 5. 0 版本的 Clang++编译器或者不低于 6. 0 版本的 GNU G++编译器，以及不低于 3. 12 版本的 CMake。除此之外，SEAL 库没有其他必须安装的依赖。以下为在 Ubuntu 20. 04 操作系统上安装 SEAL 库的步骤。

1）安装 G++和 CMake。

```
sudo apt-get install build-essential
sudo apt-get install cmake
```

Ubuntu 20. 04 会安装 9. 3. 0 版本的 G++和 3. 16. 3 版本的 CMake。

2）安装 git 工具，并将 SEAL 的 Github 仓库复制到本地。

```
sudo apt-get install git
git clone https://github.com/microsoft/SEAL.git
```

3）进入 SEAL 目录，编译 SEAL 库，编译 SEAL 示例代码以及单元测试。

```
cd SEAL
cmake -S .-B build -DSEAL_BUILD_EXAMPLES-ON _DSEAL_BUILD_TESTS=ON
cmake --build build
sudo cmake --install build
```

在使用 SEAL 库之前，需要确认 SEAL 库的各个模块都已成功安装。可以进入/SEAL/

build/bin 目录，运行 ./sealtest 来进行检测。如果 SEAL 库的各模块都已成功安装，那么输出应该如图 6-9 所示。

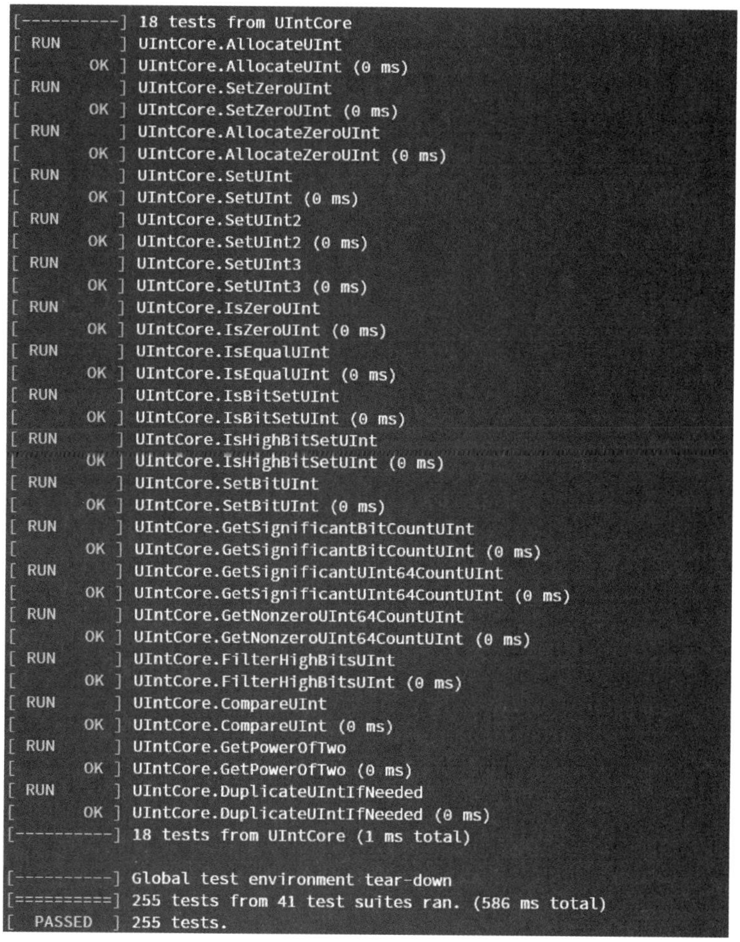

```
[----------] 18 tests from UIntCore
[ RUN      ] UIntCore.AllocateUInt
[       OK ] UIntCore.AllocateUInt (0 ms)
[ RUN      ] UIntCore.SetZeroUInt
[       OK ] UIntCore.SetZeroUInt (0 ms)
[ RUN      ] UIntCore.AllocateZeroUInt
[       OK ] UIntCore.AllocateZeroUInt (0 ms)
[ RUN      ] UIntCore.SetUInt
[       OK ] UIntCore.SetUInt (0 ms)
[ RUN      ] UIntCore.SetUInt2
[       OK ] UIntCore.SetUInt2 (0 ms)
[ RUN      ] UIntCore.SetUInt3
[       OK ] UIntCore.SetUInt3 (0 ms)
[ RUN      ] UIntCore.IsZeroUInt
[       OK ] UIntCore.IsZeroUInt (0 ms)
[ RUN      ] UIntCore.IsEqualUInt
[       OK ] UIntCore.IsEqualUInt (0 ms)
[ RUN      ] UIntCore.IsBitSetUInt
[       OK ] UIntCore.IsBitSetUInt (0 ms)
[ RUN      ] UIntCore.IsHighBitSetUInt
[       OK ] UIntCore.IsHighBitSetUInt (0 ms)
[ RUN      ] UIntCore.SetBitUInt
[       OK ] UIntCore.SetBitUInt (0 ms)
[ RUN      ] UIntCore.GetSignificantBitCountUInt
[       OK ] UIntCore.GetSignificantBitCountUInt (0 ms)
[ RUN      ] UIntCore.GetSignificantUInt64CountUInt
[       OK ] UIntCore.GetSignificantUInt64CountUInt (0 ms)
[ RUN      ] UIntCore.GetNonzeroUInt64CountUInt
[       OK ] UIntCore.GetNonzeroUInt64CountUInt (0 ms)
[ RUN      ] UIntCore.FilterHighBitsUInt
[       OK ] UIntCore.FilterHighBitsUInt (0 ms)
[ RUN      ] UIntCore.CompareUInt
[       OK ] UIntCore.CompareUInt (0 ms)
[ RUN      ] UIntCore.GetPowerOfTwo
[       OK ] UIntCore.GetPowerOfTwo (0 ms)
[ RUN      ] UIntCore.DuplicateUIntIfNeeded
[       OK ] UIntCore.DuplicateUIntIfNeeded (0 ms)
[----------] 18 tests from UIntCore (1 ms total)

[----------] Global test environment tear-down
[==========] 255 tests from 41 test suites ran. (586 ms total)
[  PASSED  ] 255 tests.
```

• 图 6-9 SEAL 测试的部分输出

如要运行 SEAL 库的示例代码，则在/SEAL/build/bin 目录下运行 ./sealexamples，其输出如图 6-10 所示，根据提示输入相应的数字即可运行对应的示例代码。

如果要在自己创建的项目中使用 SEAL，则只需要在 CMakLists. txt 文件中加入以下两行代码：

```
find_package(SEAL 3.6 REQUIRED)
target_link_libraries(<your target> SEAL::seal)
```

可按照如下所示的代码在自己创建的项目中使用 SEAL 的 CMakeLists. txt：

```
cmake_minimum_required(XERSION 3.12)
project(SealTest)
set(CMAKE_CXX_STANDARD 14)
```

```
find_package(SEAL 3.6 REQUIRED)

add_executable(SEALTest main.cpp)

target_link_libraries(SealTest SEAL::seal)
```

```
→ bin git:(main) ./sealexamples
Microsoft SEAL version: 3.6.5
+---------------------------------------------------------------+
| The following examples should be executed while reading       |
| comments in associated files in native/examples/.             |
+---------------------------------------------------------------+
| Examples                      | Source Files                  |
+---------------------------------------------------------------+
| 1. BFV Basics                 | 1_bfv_basics.cpp              |
| 2. Encoders                   | 2_encoders.cpp                |
| 3. Levels                     | 3_levels.cpp                  |
| 4. CKKS Basics                | 4_ckks_basics.cpp             |
| 5. Rotation                   | 5_rotation.cpp                |
| 6. Serialization              | 6_serialization.cpp           |
| 7. Performance Test           | 7_performance.cpp             |
+---------------------------------------------------------------+
[     0 MB] Total allocation from the memory pool

> Run example (1 ~ 7) or exit (0):
```

• 图 6-10 SEAL 示例代码运行输出

如果 SEAL 库是全局安装的，则直接在 CMakeLists.txt 所在的目录运行以下命令即可：

```
cmake .
```

但如果 SEAL 库是本地安装的（如安装在 ~/mylibs 中），则 cmake 无法自动找到 SEAL 库的安装位置，需要在 CMakeLists.txt 所在的目录运行以下命令：

```
cmake .-DCMAKE_PREFIX_PATH=~/mylibs
```

6.3.3 FV 全同态加密算法原理

FV 同态加密算法由 Fan 和 Vercauteren 在 2012 年提出，该方案基于 Brakerski 所提出的基于 LWE 困难问题的全同态加密方案，将其安全假设改为基于 RLWE 困难问题，并改进了重线性化步骤（Relinearization）使其更加高效，另外提出了模数转换方法来加快自举步骤（Bootstrapping）。FV 方案的这些改进使其效率和可用性得到了明显提升，FV 同态加密方案也成为目前应用广泛的同态加密方案之一。

FV 同态加密方案的明文空间为 $R_t = \mathbb{Z}_t[x]/(x^d+1)$，其中，$t$ 为明文多项式系数的模数，d 为明文多项式的阶数。在 FV 同态加密方案中，加密明文多项式会生成一个由两个多项式组成的密文，其多项式阶数同样为 d，但其系数的模数 q 满足 $q>>t$，即密文空间为 $R_q = \mathbb{Z}_q[x]/(x^d+1)$。与 BGV 同态加密方案相似的是，当对密文进行同态运算时，密文的体积也会增大，为防止密文体积过大超出同态加密方案能够处理的范围，重线性化技术被引入同态加密算法中。重线性化技术能够将 $n+1$ 阶的多项式转换为一个 n 阶的多项式。

FV 同态加密方案的具体定义如下。

设 λ 为安全参数；$q>1$ 为整数多项式系数模数；d 为阶数，满足 $d=2^n$；t 为明文整数多项式系数模数，满足 $1<t<q$；$\delta=\lfloor q/t \rfloor$ 和 T 为用于重线性化密钥生成中使用的正整数；$l=\lfloor \log_T(q) \rfloor$；$R_2$ 表示系数模 2 的多项式环，其系数的取值范围是 $\{-1,0,1\}$；χ 表示整数上的离散高斯分布，其方差为 σ，用于误差生成。在上述基础上，BFV 同态加密方案可以拆分成以下 8 个函数。

1）PrivateKeyGen(λ)：输入安全参数 λ，生成 $s \leftarrow R_2$，输出私钥 $sk=s$。

2）PublicKeyGen(sk)：输入私钥 sk，设 $s=sk$，生成 $a \leftarrow R_q$ 和 $e \leftarrow \chi$，并通过以下方式生成、输出公钥：

$$pk = ([-a \cdot s + e]_q, a)$$

3）EvaluationKeyGen($sk;T$)：输入私钥 sk 和 T，设 $s=sk$，对于 $i=0,1,\cdots,l$，取 $a_i \leftarrow R_q$ 和 $e_i \leftarrow \chi$，通过以下方式生成并输出评估密钥 evk：

$$evk = ([-(a_i \cdot s + e_i) + T^i \cdot s^2]_q, a_i), \text{for } i=0,1,\cdots,l$$

4）Encrypt($pk;m$)：输入公钥 pk 和消息 $m \in R_t$，首先，将公钥 pk 拆分为 $pk[0]=p_0$，$pk[1]=p_1$，然后随机生成 u，e_1，$e_2 \leftarrow \chi$。通过以下方式计算并输出密文 ct：

$$ct = ([\delta \cdot m + p_0 u + e_1]_q, [p_1 u + e_2]_q)$$

5）Decrypt($sk;ct$)：输入私钥 sk 和密文 ct，设 $s=sk$，$c_0=ct[0]$，$c_1=ct[1]$，按照以下方式计算消息 $m' \in R_t$：

$$m' = \left[\left[\frac{t \cdot [c_0 + c_1 \cdot s]_q}{q} \right] \right]_t$$

6）Add($ct_0;ct_1$)：输入两个密文 ct_0，ct_1，计算密文求和运算的结果 ct' 并输出：

$$ct' = (ct_0[0] + ct_1[0], ct_0[1] + ct_1[1])$$

7）Multiply（ct_0；ct_1）：输入两个密文 ct_0，ct_1，计算密文求积运算的结果 ct' 并输出：

$$c_0 = \left[\left[\frac{t \cdot ct_0[0] \cdot ct_1[0]}{q} \right] \right]_q$$

$$c_1 = \left[\left[\frac{t \cdot (ct_0[0] \cdot ct_1[1] + ct_0[1] \cdot ct_1[0])}{q} \right] \right]_q$$

$$c_2 = \left[\left[\frac{t \cdot ct_0[1] \cdot ct_1[1]}{q} \right] \right]_q$$

$$c'_0 = c_0 + \sum_{i=0}^{l} evk[i][0] c_2^i$$

$$c'_1 = c_1 + \sum_{i=0}^{l} evk[i][1] c_2^i$$

$$ct' = (c'_0, c'_1)$$

8）Relinearization：重线性化的主要目的是在密文乘法之后将密文的维数恢复至正常水平。进行密文乘法后，得到的维数为 3 的密文（c_0, c_1, c_2），重线性化技术可以将其恢复至 2 维的密文（c_0', c_1'），并且重现性化执行的过程中，密文解密所对应的明文不会受到影响。重线性化技术需要使用重线性化密钥 evk，是由函数 EvaluationKeyGen 生成的。一种显而易见的重线性化方法是进行以下运算：

$$c'_0 = \left[c_0 + evk[0] c_2 \right]_q$$
$$c'_1 = \left[c_1 + evk[1] c_2 \right]_q$$

然而，由上文可知，c_2 的系数值最大为 q，因此解密过程可能会失败。FV 同态加密方案的处理方式是将 c_2 变为以 T 为基的表示形式：

$$c_2 = \sum_{i=0}^{l} c_2^i \, T^i$$

6.3.4 基于 SEAL 库的矩阵运算实现

利用同态加密技术可以实现密文状态下的矩阵计算，以下将使用 SEAL 库 FV 同态加密方案实现矩阵计算：

$$x = \begin{pmatrix} 1 & 2 & 3 \\ 4 & 5 & 6 \\ 7 & 8 & 9 \end{pmatrix}$$

$$y = \begin{pmatrix} 1 \\ 2 \\ 3 \end{pmatrix}$$

$$z = \begin{pmatrix} 3 \\ 4 \\ 5 \end{pmatrix}$$

$$\boldsymbol{result} = \boldsymbol{x} \times \boldsymbol{y} + \boldsymbol{z} = \begin{pmatrix} 17 \\ 36 \\ 55 \end{pmatrix}$$

1）创建项目。使用 CMake 创建项目，其 CMakeLists.txt 的内容如下。

```
cmake_minimum_required(XERSION 3.12)
project(SealTest)
set(CMAKE_CXX_STANDARD 14)
find_package(SEAL 3.6 REQUIRED)
add_executable(SEALTest main.cpp)
target_link_libraries(SealTest SEAL::seal)
```

2）同态加密方案初始化。选用 BFV 同态加密方案，设定多项式阶数、多项式系数的模数以及明文模数。

```cpp
cout << "Setting encryption parameters" << endl;
EncryptionParameters parms(scheme_type::bfv);
size_t poly_modulus_degree = 4096;
parms.set_poly_modulus_degree(poly_modulus_degree);
parms.set_coeff_modulus(CoeffModulus::BFVDefault(poly_modulus_degree));
parms.set_plain_modulus(1024);
SEALContext context(parms);
```

3）生成密钥等对象。生成公私钥对以及 Encryptor、Evaluator 和 Decryptor。

```cpp
KeyGenerator keygen(context);
SecretKey secret_key = keygen.secret_key();
PublicKey public_key;
keygen.create_public_key(public_key);
Encryptor encryptor(context, public_key);
Evaluator evaluator(context);
Decryptor decryptor(context, secret_key);
```

4）设定变量。设定需要进行矩阵计算的变量 x，y，z。

```cpp
vector<vector<int>> input_x(3, vector<int>(3));
vector<int> input_y(3);
vector<int> input_z(3);
int value = 1;
for (int i = 0; i < 3;++i) {
  for (int j = 0; j < 3;++j) {
    input_x[i][j]= value++;
  }
  input_y[i]= i+1;
  input_z[i]= i+3;
}
```

5）获得明文。将上述数据转换为明文矩阵，然后对其进行加密，得到密文矩阵。

```cpp
vector<vector<Plaintext>> plain_x(3, vector<Plaintext>(3));
vector<Plaintext> plain_y(3);
vector<Plaintext> plain_z(3);
for (int i = 0; i < 3;++i) {
  for (int j = 0; j < 3;++j) {
    Plaintext x_plain(to_string(input_x[i][j]));
```

```
      plain_x[i][j] = x_plain;
    }
    Plaintext y_plain(to_string(input_y[i]));
    plain_y[i] = y_plain;
    Plaintext z_plain(to_string(input_z[i]));
    plain_z[i] = z_plain;
}
vector<vector<Ciphertext>> cipher_x(3, vector<Ciphertext>(3));
vector<Ciphertext> cipher_y(3);
vector<Ciphertext> cipher_z(3);
for (int i = 0; i < 3;++i) {
  for (int j = 0; j < 3;++j) {
    encryptor.encrypt(plain_x[i][j], cipher_x[i][j]);
  }
  encryptor.encrypt(plain_y[i], cipher_y[i]);
  encryptor.encrypt(plain_z[i], cipher_z[i]);
}
```

6）密文运算。在密文状态下进行密文乘法和密文加法的运算，得到矩阵运算的结果。

```
vector<Ciphertext> cipher_result(3);
for(int i = 0; i < 3;++i){
  for (int j = 0; j < 3;++j) {
    evaluator.multiply_inplace(cipher_x[i][j], cipher_y[j]);
  }
  evaluator.add_many(cipher_x[i], cipher_result[i]);
}
for (int i = 0; i < 3;++i) {
  evaluator.add_inplace(cipher_result[i], cipher_z[i]);
}
```

7）转换结果。由于 SEAL 库中 FV 同态加密方案解密得到的明文为 16 进制字符串，编写函数将 16 进制字符串转换为整型数字。

```
long hex2int(const string& hexStr){
char * offset;
if(hexStr.length() > 2)
{
  if(hexStr[0]=='0' && hexStr[1]=='x')
  {
```

```
    return strtol(hexStr.c_str(), &offset, 0);
  }
}
return strtol(hexStr.c_str(), &offset, 16);
}
```

8）解密。解密密文结果向量。

```
vector<Plaintext> plain_result(3)
for (int i = 0; i < 3;++i){
  decryptor.decrypt(cipher_result[i], plain_result[i])
}
cout << "Result: ";
for (int i = 0; i < 3;++i) {
  cout << hex2int(plain_result[i].to_string()) << "\t";
}
```

其最终结果如图 6-11 所示，可以看到密文计算结果与预期结果完全一致。

```
PS C:\Users\Dianshi\Desktop> .\seal_cpp.exe

Setting encryption parameters and print

Encrypting data

Computing ciphertext data

Result: 17      36      55
```

● 图 6-11　密文计算的解密结果

6.3.5　基于 SEAL 库的多项式运算实现

使用同态加密技术能够实现密文状态下执行多项式运算，接下来将以下列多项式为例实现密文状态下的多项式运算：

$$y = 3x^3 + 2x + 1$$

本实验使用 SEAL 库，所选用的同态加密方案为 CKKS 方案，因为 CKKS 方案更好地支持加密浮点数和复数并且支持单指令多数据流（SIMD），本实验设置的明文槽数（Slots）为 4096，输入的明文是从 0 到 10 等步长的 4096 个数，以下是实验过程。

1）创建项目。使用 CMake 创建项目，其 CMakeLists.txt 的内容如下。

```
cmake_minimum_required(XERSION 3.12)
project(SealTest)
```

```
set(CMAKE_CXX_STANDARD 14)
find_package(SEAL 3.6 REQUIRED)
add_executable(SEALTest main.cpp)
target_link_libraries(SealTest SEAL::seal)
```

2）同态加密方案初始化。选用 CKKS 同态加密方案设定多项式阶数、密文多项式系数的模数以及比例因子（Scale）。

```
cout << "Setting encryption parameters" << endl;
EncryptionParameters parms(scheme_type::ckks);
size_t poly_modulus_degree = 8192;
parms.set_poly_modulus_degree(poly_modulus_degree);
parms.set_coeff_modulus(CoeffModulus::Create(poly_modulus_degree, {60, 40, 40, 60}));
double scale = pow(2.0, 40);
SEALContext context(parms);
```

3）生成密钥等对象。生成私钥、公钥、重线性化密钥、旋转密钥以及 Encryptor、Evaluator 和 Decryptor。

```
KeyGenerator keygen(context);
SecretKey secret_key = keygen.secret_key();
PublicKey public_key;
keygen.create_public_key(public_key);
RelinKeys relin_keys;
keygen.create_relin_keys(relin_keys);
GaloisKeys gal_keys;
keygen.create_galois_keys(gal_keys);
Encryptor encryptor(context, public_key);
Evaluator evaluator(context);
Decryptor decryptor(context, secret_key);
```

4）设定输入数据。设定需要进行多项式运算的向量，包含从 0 到 10 等步长的 4096 个值。

```
vector<double> input;
input.reserve(slot_count);
double curr_point = 0;
double step_size = 10 / (static_cast<double>(slot_count)-1);
for (size_t i = 0; i < slot_count; i++){
   input.push_back(curr_point);
   curr_point+= step_size;
}
```

5）编码与加密。为进行密文多项式运算，对多项式系数进行编码，对明文值进行加密。

```
Plaintext plain_coeff3, plain_coeff1, plain_coeff0;
encoder.encode(3, scale, plain_coeff3);
encoder.encode(2, scale, plain_coeff1);
encoder.encode(1, scale, plain_coeff0);
Plaintext x_plain;
encoder.encode(input, scale, x_plain);
Ciphertext x1_encrypted;
encryptor.encrypt(x_plain, x1_encrypted);
```

6）密文运算。在密文状态下通过密文乘法和密文加法运算完成密文多项式运算，得到密文多项式运算的结果。在进行密文乘法后，需要进行重新线化（Relinearization）和重缩放（Rescale）操作，在进行密文加法之前，需要确保两个密文的参数是一致的。

```
Ciphertext x1_encrypted_coeff3;
evaluator.multiply_plain(x1_encrypted, plain_coeff3, x1_encrypted_coeff3);
evaluator.rescale_to_next_inplace(x1_encrypted_coeff3);
evaluator.multiply_inplace(x3_encrypted, x1_encrypted_coeff3);
evaluator.relinearize_inplace(x3_encrypted, relin_keys);
evaluator.rescale_to_next_inplace(x3_encrypted);
evaluator.multiply_plain_inplace(x1_encrypted, plain_coeff1);
evaluator.rescale_to_next_inplace(x1_encrypted);
x3_encrypted.scale() = pow(2.0, 40);
x1_encrypted.scale() = pow(2.0, 40);
parms_id_type last_parms_id = x3_encrypted.parms_id();
evaluator.mod_switch_to_inplace(x1_encrypted, last_parms_id);
evaluator.mod_switch_to_inplace(plain_coeff0, last_parms_id);
Ciphertext encrypted_result;
evaluator.add(x3_encrypted, x1_encrypted, encrypted_result);
evaluator.add_plain_inplace(encrypted_result, plain_coeff0);
```

7）解密。对密文运算结果解密并输出。

```
decryptor.decrypt(encrypted_result, plain_result);
vector<double> result;
encoder.decode(plain_result, result);
print_vector(result, 5, 7);
```

8）明文运算。为方便进行对比以验证密文运算的正确性，对明文进行相同的运算并输出结果。

```
Plaintext plain_result;
vector<double> true_result;
```

```
for (size_t i = 0; i < input.size(); i++){
  double x = input[i];
  true_result.push_back((3 * x * x+2) * x+1);
}
print_vector(true_result, 5, 7);
```

9）对比。将解密的密文运算结果与明文运算结果进行对比。

```
vector<double> subtraction(vector<double> m, vector<double> n){
vector<double> array;
for (int i = 0; i < m.size();++i){
  array.push_back(m[i]- n[i]);
}
return array;
  }
```

其最终结果如图 6-12 所示，可以看到密文运算结果与预期结果几乎一致，误差在叫接受的范围之内。

```
→ SEALTest ./SealTest
Setting encryption parameters
输入的明文向量：

    [ 0.0000000, 0.0024420, 0.0048840, ..., 9.9951160, 9.9975580, 10.0000000 ]

解密密文运算结果：

    [ 1.0000000, 1.0048840, 1.0097684, 1.0146532, 1.0195388, ..., 3012.2006508
, 3014.3995826, 3016.5995877, 3018.8006684, 3021.0028195 ]

明文运算结果：

    [ 1.0000000, 1.0048840, 1.0097684, 1.0146532, 1.0195388, ..., 3012.1978397
, 3014.3967705, 3016.5967741, 3018.7978505, 3021.0000000 ]

明文密文运算结果之差：

    [ 0.0000000, 0.0000000, 0.0000000, 0.0000000, -0.0000000, ..., 0.0028112,
0.0028120, 0.0028136, 0.0028179, 0.0028195 ]
```

● 图 6-12　密文运算的解密结果

6.4　基于 TFHE 库的同态加密

TFHE 是在 Apache 2.0 开源许可协议下发布的开源同态加密库。该库实现了 Chillotti 等人在 2016 年亚密会议上发表的论文中的方案：TFHE 同态加密方案。该方案能够快速自举，并且由于其特性能够无限次地执行同态运算。

6.4.1 TFHE 库的安装和配置

TFHE 开源库是由 Inpher 的团队构建和维护的，它实现了一个非常快速的自举门（约 13ms）。从用户的角度来看，该库可以在不解密的情况下，以每核约 50 个门/s 的速度同态地在密文上进行二进制布尔运算。与其他库不同，TFHE 对门的数量或门的组成没有限制。用户可以使用该库中的门电路组合成为任意其他电路（运算开销与所使用的门电路数量成正比），从而进行运算。该库在进行同态布尔运算方面具有优势，其给出的同态自举门能够快速实现各种布尔门所组成的电路。此外，这些门之间相互独立，在执行并行优化的情况下，电路的整体效率与电路层数相关。

TFHE 库官方下载地址为 https：//github. com/tfhe/tfhe。

要编译 TFHE 库的内核，需要一个标准的 C++11 编译器。目前，TFHE 库已经在 Linux 下 g++>=5. 2 编译器和 clang>=3. 8，以及 macOS 下 clang 进行了测试。未来可能扩展到其他编译器、平台和操作系统。

运行该库需要至少一个 FFT 处理器。

- 默认处理器为 Nayuki。Nayuki 提出了两种快速傅里叶变换的实现方式：一种使用 C 语言，另一种使用 AVX 汇编指令。TFHE 库在 C 和汇编中添加了 FFT 逆变换的代码。原始来源为 https：//www. nayuki. io/page/fast-fourier-transform-in-x86-assembly。
- TFHE 库还提供了另一种处理器，名为 spqlios 处理器，它参照 Nayuki 处理器的风格，使用 AVX 和 FMA 汇编编写，专用于多项式环上的运算。
- TFHE 库还为 FFTW3 库提供了一个连接器 http：//www. fftw. org。如果使用这个库，FFT 的性能将比默认的 Nayuki 快 2~3 倍。

TFHE 库的安装步骤及所需指令如下。

1）创建一个目录，通常与 src 在同一目录下。

```
cd tfhe
mkdir build
cd build
```

2）运行 cmake 配置步骤，并声明想要安装的位置。

```
cmake ../src -DENABLE_TEST=on
-DENABLE_FFTW=on -DCMAKE_BUILD_TYPE=debug
```

此处可以增加其他的声明，可用选项如下。

- CMAKE_INSTALL_PREFIX = /usr/local：安装文件夹。

- CMAKE_BUILD_TYPE = optim/ debug：optim 为编译器的优化标识，debug 则禁止任何优化。
- ENABLE_TESTS = on/off：是否允许测试，如果允许测试，需要下载 google test。
- ENABLE_FFTW = on/off：使用 FFTW3 进行快速 FFT 计算。
- ENABLE_NAYUKI_PORTABLE = on/off：使用快速 C 版本的 Nayuki 进行 FFT 计算。
- ENABLE_NAYUKI_AVX = on/off：使用 Nayuki 的 avxnayuki 版本进行 FFT 计算。
- ENABLE_SPQLIOS_AVX = on/off：使用 tfhe 的专用 AVX 版本进行 FFT 计算。
- ENABLE_SPQLIOS_FMA = on/off：使用专用 FMA 特定版本进行 FFT 计算。

3）编译安装。指定一个可选的线程数（本例中为 16）。

```
make -j16
```

6.4.2 TFHE 全同态加密算法原理

2016 年，Chillotti 等人提出一个能够快速自举的全同态加密方案——TFHE 方案（Fully Homomorphic Encryption over the Torus，TFHE）。该方案在 GSW 方案以及其变体方案上进行了推广和改进，提供了自举的二进制门来实现开发者所需的函数。

TFHE 方案主要基于环面（Torus）数学结构，将 TFHE 方案中所使用的实数环面记为 $\mathbb{T} = \mathbb{R} \bmod 1$，将 N 维系数为环面上元素的多项式记为 $\mathbb{T}_N[X]$。

TFHE 的主要思想：在每次进行逻辑门运算之后，都会使用自举技术刷新密文来降低密文中的噪声，从而同态评估任意深度的电路。电路的计算开销与所使用的的二进制门电路数量成正比（如果涉及并行，则与电路的层数成正比）。

TFHE 方案的密文有以下三种。

- TLWE 密文：明文空间为 $\mathbb{T}$，密文空间为 $\mathbb{T}^{n+1}$，密钥空间为 $\mathbb{B}^n$，密文 $c = (a, b) \in \mathbb{T}^{n+1}$，其中 $b = s \cdot a + \mu + e$。其中，s 为密钥，a 为掩码（是环面上的随机元素），μ 为明文消息，e 为噪声。
- TRLWE 密文：明文空间为 $\mathbb{T}_N[X]$，密文空间为 $\mathbb{T}_N[X]^2$，密钥空间为 $\mathbb{B}_N[X]$，密文 $c = (a, b) \in \mathbb{T}_N[X]^2$，其中，$b = s \cdot a + \mu + e$。
- TRGSW 密文：明文空间为 $\mathbb{Z}[X]/(X^n + 1)$，密文空间为 $\mathbb{T}_N[X]^{2l \times 2}$，密钥空间为 $\mathbb{B}_N[X]$，密文 $C = Z + m \cdot G_2 \in \mathbb{T}_N[X]^{2l \times 2}$，其中 Z 是长为 $2l$ 的一列 0 的 TRLWE 密文，G_2 为 gadget 矩阵。

TFHE 方案包括以下 6 个函数。

- TFHE. KeyGen（params）：生成秘钥 sk、公钥 pk、密钥转换密钥 KS 和自举密钥 BK。

- TFHE.SymEnc（μ）：从高斯分布中随机采样一个噪声 e，从环面上随机采样 n 个元素构成一个随机的掩码：$a \in \mathbb{T}^n$，返回一个 TLWE 密文 $c = (a,b)$，其中，$b = sk \cdot a + \mu + e$。

- TFHE.SymDec(c,sk)：输入一个 TLWE 密文 c 和密钥 sk，返回消息 μ。

- TFHE.KeySwitch($c_1,\cdots,c_p,f,KS_{i,j}$)：输入 p 个 TLWE 密文 $c_i \in \mathrm{TLWE}_K(\mu_i), i \in \{1, 2,\cdots,p\}$，一个 R–Lipschitz 映射 f 和密钥转换密钥 $KS_{i,j}$，输出一个 TRLWE 采样 $c \in \mathrm{TRLWE}_K(f(\mu_1,\cdots,\mu_p))$。

- TFHE.BlindRotate($c,a_1,\cdots,a_p,b,C_1,\cdots,C_p$)：输入一个 TRLWE 密文 c，$p+1$ 个整数系数 a_1，$\cdots$，a_p，$b \in \mathbb{Z}/(2N\,\mathbb{Z})$ 和 p 个 TRGSW 采样 C_1，$\cdots$，C_p，返回一个 $X^{-\rho} \cdot v$ 的 TRLWE 密文，其中，$\rho = b - \sum_{i=1}^{p} s_i \cdot a_i$ 模 $2N$。

- TFHE.Bootstrapping($\mu_1,c,BK_{K\to\bar{K},\bar{\alpha}}$)：输入一个常量 $\mu_1 \in \mathbb{T}$，一个 TLWE 密文 $c = (a,b) \in \mathrm{TLWE}_{K,\eta}(x \cdot 1/2)$，其中 $x \in \mathbb{B}$ 和自举密钥 $BK_{K\to\bar{K},\bar{\alpha}}$，返回一个 TLWE 密文 $\bar{c} = (\bar{a},\bar{b}) \in \mathrm{TLWE}_{\bar{K},\bar{\eta}}(x \cdot \mu_1)$。

在 TFHE 方案中，二进制门的同态评估是通过 TLWE 密文进行逻辑运算后经过一个门自举函数来实现的。通过使用这种方法，所有的基础二进制门都可以通过一个门自举函数来实现（其中非门不会引入噪声，因此不需要自举）。

- TFHE.BootsNAND(c_1,c_2) = GateBootstrap($(0,-1/8)+c_1+c_2$)。

- TFHE.BootsAND(c_1,c_2) = GateBootstrap($(0,5/8)-c_1-c_2$)。

- TFHE.BootsOR(c_1,c_2) = GateBootstrap($(0,1/8)+c_1+c_2$)。

- TFHE.BootsXOR(c_1,c_2) = GateBootstrap($2 \cdot (c_1-c_2)$)。

- TFHE.BootsNOT(c) = $(0,1/4)-c$。

6.4.3　基于 TFHE 库的比较器实现

本小节将使用 TFHE 库提供的自举门实现一个单比特同态数值比较器。本实验所使用的同态门电路包括以下几种。

- 同态非门。
- 同态与门。
- 同态异或门。

单比特同态数值比较器的电路图如图 6-13 所示。其中 out_1 表示 c_a 小于 c_b，out_2 表示 c_a 等于 c_b，out_3 表示 c_a 大于 c_b。

实验的部分代码如下。

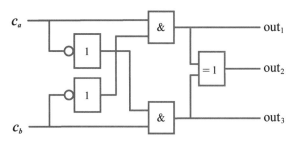

● 图 6-13　单比特同态数值比较器电路图

1）设置与密钥生成阶段。生成实验所需的参数并根据参数生成密钥集。

```
int32_t minimum_lambda = 100;

TFheGateBootstrappingParameterSet

* params = new_default_gate_bootstrapping_parameters(minimum_lambda);

const LweParams * in_out_params = params->in_out_params;

TFheGateBootstrappingSecretKeySet

* keyset = new_random_gate_bootstrapping_secret_keyset(params);
```

2）加密。生成随机的布尔值，并将值加密为密文。

```
for (int32_t i = 0; i < nb_samples;++i){

  A[i]= rand() % 2;

  B[i]= rand() % 2;

  bootsSymEncrypt(test_A+i, A[i], keyset);

  bootsSymEncrypt(test_B+i, B[i], keyset);

}
```

3）同态运算。本实验按照图 6-13 所示电路图实现了单比特同态数值比较器。

```
for(int32_t i =0; i < nb_samples;++i){

  bootsNAND(test_NOTA+i, test_A+i, test_A+i, &keyset->cloud);

  bootsNAND(test_NOTB+i, test_B+i, test_B+i, &keyset->cloud);

  bootsNAND(test_OUT3+i, test_A+i, test_NOTB+i, &keyset->cloud);

  bootsNAND(test_OUT1+i, test_B+i, test_NOTA+i, &keyset->cloud);

  bootsNAND(test_OUT2+i, test_OUT1+i, test_OUT3+i, &keyset->cloud);

}
```

4）解密。对密文进行解密。

```
for(int i =0; i < nb_samples;++i){

  bool out1 = bootsSymDecrypt(test_OUT1+i, keyset);

  bool out2 = bootsSymDecrypt(test_OUT2+i, keyset);

  bool out3 = bootsSymDecrypt(test_OUT3+i, keyset);
```

```
        cout << A[i]<< " \t" << out1 << " \t" << out2 << " \t" << out3 << endl;
    }
```

5）检测与分析。对照结果，分析结论。该程序能够正确地执行单比特的同态比较运算。程序进行 nb_samples 次数的单比特同态比较运算，除去密钥生成、加密与解密阶段的时间，平均单个门耗时约为 0.4s，与 TFHE 单个门电路运行时间相近，如图 6-14 所示。

开始单比特数值同态比较器
单比特数值同态比较器完成
总耗时：28.7176 秒
平均每个门耗时：0.448712 秒

● 图 6-14　单比特同态数值比较器运行结果

本实验使用 TFHE 库提供的自举门完成了一个单比特同态数值比较器作为案例，该库可通过二次开发等方式完成更复杂的同态加密运算。

6.4.4　基于 TFHE 库的加法器实现

本小节将使用 TFHE 库提供的自举门实现一个 8 比特同态补码加法器。本实验所使用的同态门电路包括以下几种。

- 同态与门。
- 同态或门。
- 同态异或门。

首先构造单比特同态全加器，其电路图如图 6-15 所示。

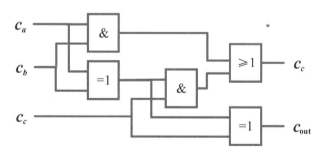

● 图 6-15　单比特同态全加器电路图

随后使用单比特同态全加器构造多比特补码加法器，如图 6-16 所示。

本小节以 8 位补码加法器为例，实验的部分代码如下。

1）设置与密钥生成阶段。生成实验所需的参数并根据参数生成密钥集。

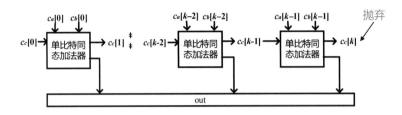

• 图 6-16　多比特同态全加器电路图

```
int32_t minimum_lambda = 100;
TFheGateBootstrappingParameterSet
* params = new_default_gate_bootstrapping_parameters(minimum_lambda);
const LweParams * in_out_params = params->in_out_params;
TFheGateBootstrappingSecretKeySet
* keyset = new_random_gate_bootstrapping_secret_keyset(params);
```

2）进制转换。生成加数并且将其转换为补码形式存储。

```
for (int32_t i = 0; i < nb_samples;++i){
  A[i]= rand() % 2;
  B[i]= rand() % 2;
}
toComplement(A);
toComplement(B);
```

3）加密。将补码值加密为密文。

```
for (int32_t i = 0; i < nb_samples;++i){
  bootsSymEncrypt(test_A+i, A[i], keyset);
  bootsSymEncrypt(test_B+i, B[i], keyset);
}
```

4）同态运算。本实验按照图 6-15 与图 6-16 所示电路图实现了多比特同态加法器。

```
for(int32_t i =0; i < nb_samples;++i){
  bootsAND(tmp_1+i, test_A+i, test_B+i, &keyset->cloud);
  bootsXOR(tmp_2+i, test_A+i, test_B+i,, &keyset->cloud);
  bootsAND(tmp_3+i, tmp_2+i, test_C+ i, &keyset->cloud);
  bootsOR(test_C+i+1, tmp_1+i, tmp_3+i, &keyset->cloud);
  bootsXOR(test_OUT+i, tmp_2+i, test_C+i, &keyset->cloud);
}
```

5）解密。对密文进行解密。

```
for(int i =0; i < nb_samples;++i){
  bool out[i]= bootsSymDecrypt(test_OUT+i, keyset);
}
```

6）解码。将所得到的补码结果转换为十进制数字。

```
toComplement(out);
```

7）检测与分析。对照结果，分析结论。该程序能够正确地执行多比特的同态全加运算。程序对两个 8 比特的数字进行了运算同态加法且结果运算准确，平均一个 8 位加法器耗时约 3.85s，如图 6-17 所示。

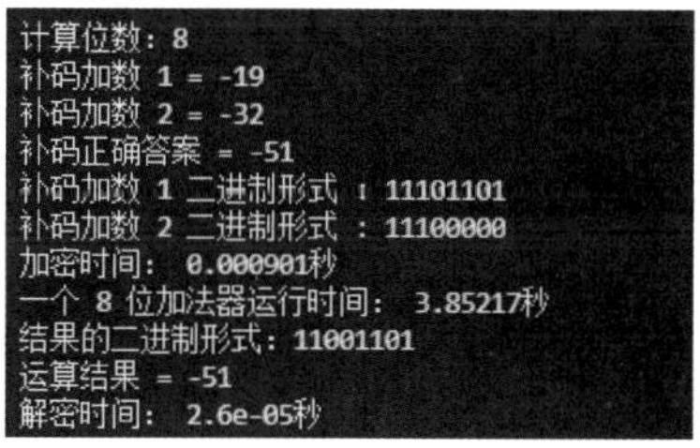

● 图 6-17　多比特同态补码加法器运行结果

本实验使用 TFHE 库提供的自举门完成了一个多比特同态补码加法器作为案例，该库可通过二次开发等方式完成更复杂的同态加密运算。

附 录

附录 A　数学基础

A.1　抽象代数

不仅是在同态密码，在整个密码学的理论基础中，抽象代数都占有重要地位。掌握抽象代数的概念和处理方法是掌握同态密码的必要前提。具体来说，为了更好地学习本书中的内容，希望读者能够对群、环、域、理想等代数结构具有初步的认识。

"群"的概念由法国数学家伽罗瓦（E. Galois，1811—1832 年）发明，最初用于解决当时一个悬而未决的数学问题：多次方程的求解问题。在群论概念引起人们注意之后，其在数学、物理、化学、计算机等许多领域都有了重要应用。

群定义在一个集合上施加一种二元运算，该集合和该运算相辅相成。严格的定义如下。

定义 A.1.1　非空集合 G 上定义一种二元运算 $\cdot$，满足下述性质时称 $(G, \cdot)$ 为一个群：

① 封闭性，即 $\forall a, b \in G$，有 $a \cdot b \in G$。

② 结合律，即 $\forall a, b, c \in G$，有 $(a \cdot b) \cdot c = a \cdot (b \cdot c)$。

③ 存在单位元，即 $\exists e \in G$，使得 $\forall a \in G$，有 $a \cdot e = e \cdot a = a$。

④ 每个元素存在逆元，即 $\forall a \in G$，$\exists b \in G$，使得 $a \cdot b = b \cdot a = e$，此时称 a、b 互为逆元。

注意，在群的定义中，运算满足结合律，但是并未要求满足交换律（$a \cdot b = b \cdot a$）。在实际中遇到的许多群的运算都满足交换律，因此具有交换律的群也是值得注意的研究对象，于是有下述定义。

定义 A.1.2　若 $(G, \cdot)$ 是一个群，如果 $(G, \cdot)$ 同时满足下述性质时，则称其为交换群：

• 交换律，即 $\forall a, b \in G$，有 $a \cdot b = b \cdot a$。

群的例子很多，以数学对象来举例。第一个例子是所有整数的集合 **Z** 带上整数上的加法构成群，记为（**Z**，+），对照群定义的每一条，显然封闭性和结合律满足，单位元为 0，每个元素的逆元是其相反数；类似地，将 **Z** 扩展到有理数集 **Q**、实数集 **R**、复数集 **C** 上，这些集合带上加法都是群，而且都是交换群。

非交换群的一个例子是 n 维非奇异方阵（行数、列数相等，且行列式不等于 0 的矩阵）带上矩阵乘法所得的群，这里 n 是正整数。很容易验证其满足群的定义，其中单位元为单位矩阵。但是由于矩阵乘法不满足交换律，所以该群不是交换群。

还有一种特殊情况：如果（G，·）仅满足封闭性和结合律，但是不满足"存在单位元"和"每个元素存在逆元"两条性质，此时称（G，·）为半群。

在集合上定义一种运算并满足一定的性质构成群，但知道一种运算是不够的，回顾以前学到的算数知识可以知道，对数的运算不仅有加法，还有乘法（减法和除法可以看作先求逆再相加或相乘），所以为了抽象化这种特征，要在集合上定义两种运算，包括环和域在内的代数结构都满足这个条件。

定义 A.1.3 非空集合 G 上定义两种二元运算，记为 + 和 ·，分别称为加法和乘法，满足下述性质时，称（G，+，·）为一个环：

① （G，+）构成交换群。

② （G，·）构成半群。

③ 在 G 中 · 对 + 的分配律成立，即 $\forall a$，b，$c \in G$，有 $a \cdot (b+c) = a \cdot b + a \cdot c$，$(b+c) \cdot a = b \cdot a + c \cdot a$。

在上述定义中，如果进一步地，G 对于 · 满足交换律，则称为**交换环**。另外，在上述定义中 + 的单位元也称为"0"，如果存在一个元素 $e \in G$，满足 $\forall a \in G$ 有 $e \cdot a = a \cdot e = a$，则称 e 为"1"。注意，环中不一定有 1。

环的例子有很多，举例如下。

① （**Z**，+，·）、（**Q**，+，·）、（**R**，+，·）、（**C**，+，·），其中 **Z** 为整数集合，**Q** 为有理数集合，**R** 为实数集合，**C** 为复数集合，在数的加法和乘法运算下上述四个均构成环。

② 多项式的集合 $\{f(x) = a_0 + a_1 x + a_2 x^2 + \cdots + a_n x^n\}$，其中系数为实数，即 $a_i \in R$，$i = 1$，2，$\cdots$，n，关于多项式的加法和乘法构成环，称为多项式环。

定义 A.1.4 若（G，+，·）为一个环，S 是 G 的子集，并且 S 满足对于 + 和 · 运算构成环，则称（S，+，·）为（G，+，·）的子环。

有一种特殊的子环，称为"理想"，在同态加密算法设计时常常用到。

定义 A.1.5 假设（G，+，·）为一个环，I 是 G 的子集，如果它满足下述性质：

① （I，+）构成（G，+）的子群。

② 对于任意的 $a \in I$，任意的 $r \in G$，都有 $ar \in I$。

则称 I 是 G 的左理想，类似地可以定义 G 的右理想，如果运算具有交换律，则不分左理想和右理想，统称 I 是 G 的理想。

可以理解为，理想具有"吸收"的性质：一个理想中的元素，它可以在某一个乘法运算的方向上"吸收"所有的环中的元素进入理想中，这也是第二条性质"形象化"的描述。

举例来说，整数集合 $\mathbf{Z}$ 带上整数的加法和乘法构成整数环 $(\mathbf{Z},+,\cdot)$，2 的所有倍数构成的集合 $\{\cdots,-4,-2,0,2,4,\cdots\}$ 带上整数的加法和乘法则构成整数环 $(\mathbf{Z},+,\cdot)$ 的子环，进一步地，$\{\cdots,-4,-2,0,2,4,\cdots\}$ 中任意元素乘以 $\mathbf{Z}$ 中任意元素所得的结果必在 $\{\cdots,-4,-2,0,2,4,\cdots\}$ 中，所以 $(\{\cdots,-4,-2,0,2,4,\cdots\},+,\cdot)$ 构成整数环 $(\mathbf{Z},+,\cdot)$ 的一个理想。

在理想中，尤为重要的是主理想，定义如下。

定义 A.1.6 假设 $(G,+,\cdot)$ 为一个环，由环中一个非零元 x 生成的理想 (x) 称为环 $\mathbf{R}$ 的主理想。

上面定义中所谓的"x 生成理想"是指把 x 的所有倍数组成一个理想。有一种特殊的环，它的每个理想都是主理想，这种环称为主理想环。

举例来说，$(\mathbf{Z},+,\cdot)$ 就是主理想环，它的每一个理想都是由一个整数生成的，由该整数的所有倍数组成；另外，整系数的多项式环也是主理想环，它的每个理想都是由一个极小多项式生成的，由该极小多项式的所有整数倍/多项式倍式组成。

对环做进一步的限制，具体而言是对环上的乘法运算进一步限制，可以得到非常重要的"域"的概念。

定义 A.1.7 假设 F 是一个集合，在 F 上定义两种运算，记为 $+$ 和 $\cdot$，分别称为加法和乘法，若满足下述性质则称 $(F,+,\cdot)$ 构成一个域：

① $(F,+)$ 构成交换群。

② $(F,\cdot)$ 构成交换群。

③ 加法对乘法满足分配律，即 $\forall a,b,c\in F$，有 $a\cdot(b+c)=a\cdot b+a\cdot c$。

总结一下，上述概念的关系如图 A-1 所示。

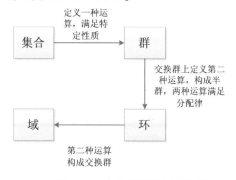

● 图 A-1　群环域等概念的关系

A.2 快速傅里叶变换

傅里叶变换是一种在理工科多个领域都经常使用的一种数学工具。傅里叶变换能够将任意的（时域上）信号函数转变为频域上信号的组合，本质上指出，任意函数都可以写成三角函数的和。

时域和频域是对同一函数进行观测研究的两个不同角度，函数在时域和频域的图像往往大相径庭。时域也叫时间域，与时间相关，其图像的横轴（自变量）是时间，纵轴是信号（函数）的变化，这个坐标系的图像叫作时域图像；频域也叫频率域，与频率相关，频域分析出的图像可以进一步分为频谱和相位谱。

如图 A-2 所示为信号函数 $f(x) = 4\sin(x+5) + 2\sin(2x+1) + \sin(3x+2)$ 的图像。

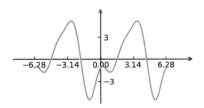

● 图 A-2　示例信号函数的图像

上述信号函数可以分解为三个正弦曲线的叠加，如图 A-3 所示。图 A-3 中三部分的图像叠加可以得到图 A-2 中的曲线。

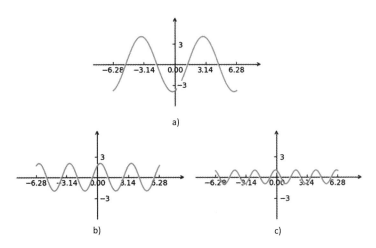

● 图 A-3　示例信号函数分解

a) $f(x) = 4\sin(x+5)$　b) $f(x) = 2\sin(2x+1)$　c) $f(x) = \sin(3x+2)$

更进一步，可以得出频谱图和相位谱图，如图 A-4 所示。

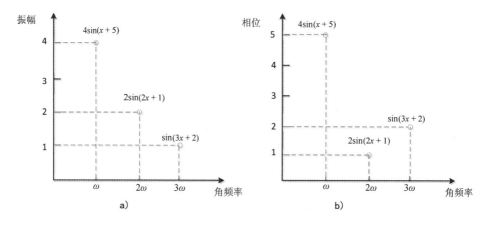

● 图 A-4　频谱和相位谱

a）频谱　b）相位谱

定义 A. 2. 1　假设定义域在实数上的函数 $f(x)$ 满足：

① 在（$-\infty$ ，$+\infty$）上的任一有限区间内满足狄利克雷条件。

② 绝对可积，即满足：

$$\int_{-\infty}^{+\infty} | f(x)\,\mathrm{d}x | < + \infty$$

则可以定义其傅里叶变换为：

$$F(\omega) = \int_{-\infty}^{+\infty} f(x)\ \mathrm{e}^{-\mathrm{i}\omega x}\mathrm{d}x$$

傅里叶逆变换为：

$$f(x) = \frac{1}{2\pi} \int_{-\infty}^{+\infty} F(\omega)\ \mathrm{e}^{\mathrm{i}\omega x}\mathrm{d}\omega$$

在上述定义中，时间函数 $f(x)$ 傅里叶变换的结果是一个频率的函数。希腊字母 ω 表示角频率，它是乘积 $2\pi f$ 的名字。当初始函数 $f(t)$ 是一个时间函数时，傅里叶变换会告诉我们该函数的频率域的情况。

当然，傅里叶变换不限于时间函数，但按照惯例，常常把原始函数的域称为时域；类似地，变换后函数的域称为频域。

在工程应用中，自然界中的物理现象大多都是一种连续的波，但是在计算机中只能用间隔采样离散化，其中采集的频率称为采样率，此时采用离散傅里叶变换（DFT）。离散傅里叶变换是傅里叶变换在时域和频域上都呈现离散的形式，将时域信号的采样变换为在离散时间傅里叶变换频域的采样。在形式上，变换两端（时域和频域）的序列是有限长的，而实际上这两组序列都应当被认为是离散周期信号的主值序列。

定义 A. 2. 2　假设 $x(0)$，$x(1)$，$\cdots$，$x(N-1)$ 是长度为 n 的实数序列，其离散傅里叶

变换定义为：

$$X(k) = \mathrm{DFT}(x(n)) = \sum_{n=0}^{N-1} x(n)\, w_N^k, 0 \leqslant n \leqslant N-1, 0 \leqslant k \leqslant N-1$$

其中，$w_N = \mathrm{e}^{-2\mathrm{i}\pi/N}$。离散傅里叶逆变换定义为：

$$x(n) = \mathrm{IDFT}(X(k)) = \frac{1}{N}\sum_{k=0}^{N-1} X(k)\, w_N^{-ik}, 0 \leqslant i \leqslant N-1, 0 \leqslant k \leqslant N-1$$

在上述定义中，$x(0)$，$x(1)$，…，$x(N-1)$ 理解为采样信号序列，离散傅里叶变换相当于把采样信号分解为一组值的组合。实数信号变换的结果 $X(k)$，$k=0$，1，…，$N-1$ 是一组复数，里面一半数据和另一半是共轭的，最后组合成采样信号时正好抵消，得到实数结果（采样值）。

对上述离散傅里叶变换方法的计算量进行分析。可以看到，在给定 $x(0)$，$x(1)$，…，$x(N-1)$ 的前提下，计算 $X(k)$ 需要进行 N 次乘法和 $N-1$ 次加法运算，那么对于所有的 k 值，一共需要进行 N^2 次乘法和 $N(N-1)$ 次加法运算。离散傅里叶逆变换的运算复杂度与之相同。当 N 值较大时，计算量会急剧增长，由于很多情况下，要求"实时"获得运算结果，当 N 比较大时，这种运算量是不能忍受的。因此，我们希望找到 DFT 运算的加速方法，下面介绍的快速傅里叶变换（FFT）就是这类方法。

FFT 算法的思想是先将要求离散傅里叶变换的序列切割成较短的子序列，再对子序列分别进行 DFT 运算，从而减小总的计算量。更具体地说，FFT 算法采取分治策略，递归地将长度为 $N = N_1 \cdot N_2$ 的离散傅里叶变换（DFT）序列分解为长度为 N_1 的 N_2 个较短的子序列的离散傅里叶变换（DFT）。

FFT 算法充分利用了 DFT 运算中旋转因子的对称性、周期性等特性，成功地将 DFT 运算复杂度从 $O(N^2)$ 减少到 $O(N \cdot \log N)$。当 N 比较小时，FFT 优势并不明显，随着 N 值的增大，FFT 的性能迅速占据绝对的优势。

N 次方程 $W^N = 1$（N 为整数）的复根刚好有 N 个，分别记作 w_N^0，w_N^1，…，w_N^{N-1}，对于 $n = 0$，1，2，…，$N-1$，有：

$$w_N^n = \mathrm{e}^{\frac{n \cdot 2\pi i}{N}}$$

这 N 个复根均匀分布在以原点为圆心的单位圆周上，如图 A-5 所示。这 N 个复根都可以看作是 w_N^1 的幂，称 w_N^1 为旋转因子。旋转因子具有一些利于计算的特性。

- 周期性：

$$w_N^{k(N+n)} = w_N^{nk}$$

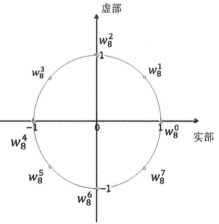

● 图 A-5　复根分布

- 对称性：

$$w_N^{k(N-n)} = w_N^{-nk} = \left(w_N^{-nk} \right)^*$$

- 可约性：

$$w_N^{nk} = w_{mN}^{mnk} = w_{N/m}^{nk/m}$$

利用旋转因子的这些特性，可以合并一些计算，使 DFT 计算得到简化。

为算法解读简单起见，下面假设 N 是 2 的幂。N 不等于 2 的幂的情况很容易通过进一步处理来实现。

令 $N = 2^m$，有序列 $x(n)$，$n = 0, 1, \cdots, N-1$，其离散傅里叶变换公式为：

$$X(k) = \mathrm{DFT}(x(n)) = \sum_{n=0}^{N-1} x(n) \, w_N^k, 0 \leqslant k \leqslant N - 1$$

把序列 $x(n)$ 按照 n 的奇偶性可以分为奇序列和偶序列，均为 $N/2$ 长，于是上述公式可以写成：

$$X(k) = \sum_{n=0,2,\cdots,N-2} x(n) \, w_N^k + \sum_{n=1,3,\cdots,N-1} x(n) \, w_N^k = \sum_{r=0}^{\frac{N}{2}-1} x(2r) \, w_N^{2rk} + \sum_{r=0}^{\frac{N}{2}-1} x(2r+1) \, w_N^{(2r+1)k}$$

令

$$\begin{cases} x_1(r) = x(2r), r = 0,1,2,\cdots,\dfrac{N}{2}-1 \\[2mm] x_2(r) = x(2r+1), r = 0,1,2,\cdots,\dfrac{N}{2}-1 \end{cases}$$

由于 $w_N^2 = e^{-i\frac{4\pi}{N}} = e^{-i\frac{2\pi}{N/2}} = w_{N/2}^1$，于是：

$$X(k) = \sum_{r=0}^{\frac{N}{2}-1} x_1(r) \, w_{N/2}^{rk} + w_N^k \cdot \sum_{r=0}^{\frac{N}{2}-1} x_2(r) \, w_{N/2}^{rk}$$

令

$$\begin{cases} X_1(k) = \sum_{r=0}^{\frac{N}{2}-1} x_1(r) \, w_{N/2}^{rk}, k = 0,1,2,\cdots,N-1 \\[3mm] X_2(k) = \sum_{r=0}^{\frac{N}{2}-1} x_2(r) \, w_{N/2}^{rk}, k = 0,1,2,\cdots,N-1 \end{cases}$$

则 $X(k) = X_1(k) + w_N^k \cdot X_2(k)$。注意这里 k 的取值范围是 $[0,N-1]$，若能将 k 的取值范围限制在 $[0,N/2-1]$，则 $X_1(k)$ 和 $X_2(k)$ 就是两个 $N/2$ 点序列的离散傅里叶变换。把 k 的取值范围限制在 $[0,N/2-1]$，有：

$$\begin{cases} X(k) = X_1(k) + w_N^k \cdot X_2(k) \\[2mm] X\left(k+\dfrac{N}{2}\right) = X_1\left(k+\dfrac{N}{2}\right) + w_N^{k+N/2} \cdot X_2\left(k+\dfrac{N}{2}\right) \end{cases}$$

同时有如下关系：

$$w_N^{k+N/2} = w_N^k \cdot w_N^{N/2} = -w_N^k$$

所以

$$
\begin{cases}
X_1\left(k+\dfrac{N}{2}\right) = \displaystyle\sum_{r=0}^{\frac{N}{2}-1} x_1(r)\, w_{N/2}^{r(k+N/2)} = \sum_{r=0}^{\frac{N}{2}-1} x_1(r)\, w_{N/2}^{rN/2}\, w_{N/2}^{rk} \\[3mm]
X_2\left(k+\dfrac{N}{2}\right) = \displaystyle\sum_{r=0}^{\frac{N}{2}-1} x_2(r)\, w_{N/2}^{r(k+N/2)} = \sum_{r=0}^{\frac{N}{2}-1} x_2(r)\, w_{N/2}^{rN/2}\, w_{N/2}^{rk}
\end{cases}
$$

由于 $w_{N/2}^{rN/2} = \mathrm{e}^{-\mathrm{i}2\pi r} = 1$，于是有：

$$
\begin{cases}
X_1\left(k+\dfrac{N}{2}\right) = \displaystyle\sum_{r=0}^{\frac{N}{2}-1} x_1(r)\, w_{N/2}^{rN/2}\, w_{N/2}^{rk} = \sum_{r=0}^{\frac{N}{2}-1} x_1(r)\, w_{N/2}^{rk} = X_1(k) \\[3mm]
X_2\left(k+\dfrac{N}{2}\right) = \displaystyle\sum_{r=0}^{\frac{N}{2}-1} x_2(r)\, w_{N/2}^{rN/2}\, w_{N/2}^{rk} = \sum_{r=0}^{\frac{N}{2}-1} x_2(r)\, w_{N/2}^{rk} = X_2(k)
\end{cases}
$$

进一步有：

$$
\begin{cases}
X(k) = X_1(k) + w_N^k \cdot X_2(k) \\[2mm]
X\left(k+\dfrac{N}{2}\right) = X_1(k) - w_N^k \cdot X_2(k)
\end{cases}
$$

其中，$k=0,1,2,\cdots,N-1$。

进一步可以再将 k 继续折半，直至 k 仅取一个值。可以推算出，该算法递归执行 $\log N$ 层，每一层执行 $N/2$ 次乘法和 N 次加法，因此总计算量为 $(N/2)\log N$ 次乘法运算和 $N\log N$ 次加法运算。

A.3　中国剩余定理

中国剩余定理是数论中的一个关于一元线性同余方程组的定理，说明了一元线性同余方程组有解的准则以及求解方法，也称为孙子定理。在同态密码系统中，通常用该定理来实现并行的密文处理。

有一个有趣的民间传说和中国剩余定理有关，称为"韩信点兵"，这是一个很有意思的猜数游戏，被后人称为"物不知数"问题：

"有物不知其数，三三数之剩二，五五数之剩三，七七数之剩二。问物几何？"

意思是说：有一堆物体不知道有几个。如果每 3 个分一组，最后会剩下两个；如果每 5 个分一组，最后会剩下 3 个；如果每 7 个分一组，最后会剩下两个。问这些物体一共有几个？

这个问题的解法蕴含在一个歌谣中："三人同行七十稀，五树梅花廿一支，七子团圆正半月，除百零五便得知。"意思是说，三三分组剩下的数值乘以 70，五五分组剩下的数值乘以 21，七七分组剩下的数值乘以 15，这三个数加起来再除以 105 求余数就得到解。

推广一下，中国剩余定理给出了以下的一元线性同余方程组的解法：

$$\begin{cases} x \equiv a_1 \bmod m_1 \\ x \equiv a_2 \bmod m_2 \\ \quad\quad \vdots \\ x \equiv a_n \bmod m_n \end{cases}$$

定理指出，当整数 m_1，m_2，$\cdots$，m_n 两两互素时，对任意的整数 a_1，a_2，$\cdots$，a_n，上述方程组有解，并且可以通过如下步骤构造通解。

1）计算以下值。

$$M = \prod_{i=1}^{n} m_i, M_i = M/m_i$$

即 M_i 是除 m_i 之外其他模数的乘积。

2）计算 t_i 为 M_i 模 m_i 的逆，即对于 $i = 1$，2，$\cdots$，n，求出满足 $t_i M_i \equiv 1 \bmod m_i$ 的 t_i。

3）上述同余方程组的通解为 $x = a_1 t_1 M_1 + a_2 t_2 M_2 + \cdots + a_n t_n M_n + kM$，$k \in Z$，在模 M 的意义下，方程组只有一个解，即 $x = a_1 t_1 M_1 + a_2 t_2 M_2 + \cdots + a_n t_n M_n$。

下面使用"韩信点兵"的方法来验证一下上述解法的正确性。

令 $m_1 = 3$，$m_2 = 5$，$m_3 = 7$，$a_1 = 2$，$a_2 = 3$，$a_3 = 2$，要求出满足

$$\begin{cases} x \equiv 2 \bmod 3 \\ x \equiv 3 \bmod 5 \\ \quad\quad \vdots \\ x \equiv 2 \bmod 7 \end{cases}$$

的整数 x。

计算参数如下。

$M = 3 \times 5 \times 7 = 105$

$M_1 = M/m_1 = 35$，$M_2 = M/m_2 = 21$，$M_3 = M/m_3 = 15$

$t_1 = (M_1)^{-1} \bmod m_1 = 35^{-1} \bmod 3 = 2$

$t_2 = (M_2)^{-1} \bmod m_2 = 21^{-1} \bmod 5 = 1$

$t_3 = (M_3)^{-1} \bmod m_3 = 15^{-1} \bmod 7 = 1$

$t_1 \times M_1 = 2 \times 35 = 70$

$t_2 \times M_2 = 1 \times 21 = 21$

$t_3 \times M_3 = 1 \times 15 = 15$

上面计算出的 70 对应了"三人同行七十稀"，21 对应了"五树梅花廿一支"，15 对应了"七子团圆正半月"。最后方程的解为：

$$(2×70+3×21+2×15) \bmod 105 = 233 \bmod 105 = 23$$

下面把中国剩余定理从整数环（$\mathbf{Z}, +, ×$）推广到多项式交换环上。

假设（$G, +, ×$）是多项式交换环，$m_1(x)$，$m_2(x)$，$\cdots$，$m_n(x)$ 是 G 中的不可分解多项式，下述同余方程组：

$$\begin{cases} f(x) \equiv a_1(x) \bmod m_1(x) \\ f(x) \equiv a_2(x) \bmod m_2(x) \\ \qquad\qquad \vdots \\ f(x) \equiv a_n(x) \bmod m_n(x) \end{cases}$$

可以按照下述方法求解。

1）计算多项式：

$$M(x) = \prod_{i=1}^{n} m_i(x), M_i(x) = M(x) / m_i(x)$$

2）计算 $t_i(x)$ 为 $M_i(x)$ 模 $m_i(x)$ 的逆，即对于 $i = 1, 2, \cdots, n$，求出满足 $t_i(x) M_i(x) \equiv 1 \bmod m_i(x)$ 的 $t_i(x)$。

3）上述同余方程组的通解为 $f(x) = a_1(x) t_1(x) M_1(x) + a_2(x) t_2(x) M_2(x) + \cdots + a_n(x) t_n(x) M_n(x) + k(x) M(x), k \in G$，在模 $M(x)$ 的意义下，方程组只有一个解，即 $f(x) = a_1(x) t_1(x) M_1(x) + a_2(x) t_2(x) M_2(x) + \cdots + a_n(x) t_n(x) M_n(x)$。

参 考 文 献

［1］CHILLOTTI I, GAMA N, GEOGIEVA M, et al. Faster Packed Homomorphic Operations and Efficient Circuit Bootstrapping for TFHE ［C］. Springer, Cham：International Conference on the Theory and Application of Cryptology and Information Security, 2017.

［2］许子明，田杨锋. 云计算的发展历史及其应用 ［J］. 信息记录材料, 2018, 19（8）：66-67.

［3］罗晓慧. 浅谈云计算的发展 ［J］. 电子世界, 2019,（8）：104.

［4］BETHENCOURT J, SAHAI A, WATERS B. Ciphertext-policy attribute-based encryption ［C］. Berkeley：IEEE symposium on security and privacy, 2007.

［5］杨倚. 云计算中对称可搜索加密方案的研究 ［D］. 成都：电子科技大学, 2015.

［6］李经纬，贾春福，刘哲理，等. 可搜索加密技术研究综述 ［J］. 软件学报, 2015, 26（1）：109-128.

［7］曹珍富. 人工智能安全的密码学思考 ［J］. 民主与科学, 2019（06）：30-34.

［8］YAO A C. Protocols for secure computations ［C］. Chicago：23rd annual symposium on foundations of computer science, 1982.

［9］杨强，刘洋，程勇，等. 联邦学习 ［M］. 北京：电子工业出版社, 2020.

［10］NAKAMOTO S. Bitcoin：A peer-to-peer electronic cash system ［EB/OL］. 2009 ［2022-3-1］. https：// www. debr. io/article/21260. pdf.

［11］FUJISAKI E. Sub-linear size traceable ring signatures without random oracles ［C］. San Francisco：Cryptographers' Track at the RSA Conference, 2011.

［12］BRAKERSKI Z, VAIKUNTANATHAN V. Fully homomorphic encryption from ring LWE and security for key dependent messages ［C］. Santa Barbara：Advances in Cryptology, 2011.

［13］MIERS I, GARMAN C, GREEN M, et al. Zerocoin：Anonymous distributed e-cash from bitcoin ［C］. Berkeley：IEEE Symposium on Security and Privacy, 2013.

［14］SASSON E B, CHIESA A, GARMAN C, et al. Zerocash：Decentralized anonymous payments from bitcoin ［C］. Berkeley：IEEE Symposium on Security and Privacy. IEEE, 2014.

［15］RIVEST, RONALD L. Len Adleman, and Michael L. Dertouzos. On data banks and privacy homomorphisms ［J］. Foundations of secure computation 1978, 4（11）：169-180.

［16］BLAKLEY G R, MEADOWS C. A Database Encryption Scheme Which Allows the Computation of Statistics Using Encrypted Data ［C］. Oakland：IEEE Symposium on Security and Privacy, 1985.

［17］BRICKELL E F, YACOBI Y. On privacy homomorphisms ［C］. Santa Barbara：Advances in Cryptology, 1987.

［18］FERRER J D. A new privacy homomorphism and applications ［J］. Information Processing Letters, 1996, 60

（5）：277 - 282.

［19］ GENTRY C. A fully homomorphic encryption scheme ［D］. Palo Alto：Stanford University，2009.

［20］ GENTRY C. Fully Homomorphic Encryption Using Ideal Lattices ［C］. Bethesda，MD：Symposium on the Theory of Computing，2009.

［21］ BELLARE M，HOANG V T，ROGAWAY P. Foundations of garbled circuits. Raleigh，NC：Proceedings of ACM conference on Computer and communications security，2012.

［22］ BLAKLEY G R. Safeguarding cryptographic keys ［C］. New York：Managing Requirements Knowledge，International Workshop on. IEEE Computer Society，1979.

［23］ BRAKERSKI Z，GENTRY C，VAIKUNTANATHAN V.（Leveled）fully homomorphic encryption without bootstrapping ［C］. Cambridge，MA：Proceedings of the 3rd Innovations in Theoretical Computer Science Conference，2012.

［24］ FAN J，VERCAUTEREN F. Somewhat practical fully homomorphic encryption ［EB/OL］. Cryptology ePrint Archive，2012 ［2022-3-1］. http：//eprint. iacr. org/2012/144. pdf.

［25］ GENTRY C，SAHAI A，WATERS B. Homomorphic Encryption from Learning with Errors：Conceptually-Simpler，Asymptotically-Faster，Attribute-Based ［C］. Santa Barbara：Annual International Cryptology Conference，2013.

［26］ BOGDANOV A，CHIN H L. Homomorphic Encryption from Codes ［EB/OL］. Cryptology ePrint Archive，2011 ［2022-3-1］. https：//arxiv. org/pdf/1111. 4301.

［27］ KRAFT J S，WASHINGTON L C. An introduction to number theory with cryptography ［M］. Boca Raton：Chapman and Hall/CRC Press，2018.

［28］ BLOMER J，MAY A. A generalized Wiener attack on RSA ［C］. Singapore：International Workshop on Public Key Cryptography，2004.

［29］ HALEVI S，SHOUP V. Algorithms in HElib ［C］. Berlin，Heidelberg：Annual Cryptology Conference，2014.

［30］ PARMAR P V，Padhar S B，Patel S N，et al. Survey of various homomorphic encryption algorithms and schemes ［J］. International Journal of Computer Applications，2014，91（8）：26-32.

［31］ KLEINJUNG T，AOKI K，FRANKE J，et al. Factorization of a 768-bit RSA modulus ［C］. Santa Barbara：Annual Cryptology Conference，2010.

［32］ SMART N，VERCAUTEREN F. Fully Homomorphic SIMD Operations ［EB/OL］. Cryptology ePrint Archive，2011 ［2022-3-1］. https：//eprint. iacr. org/2011/133. 2011.

［33］ BRAKERSKI Z，VAIKUNTANATHAN V . Efficient Fully Homomorphic Encryption from（Standard）LWE ［J］. Siam Journal on Computing，2014，43（2）：831-871.

［34］ DIJK M V，GENTRY C，HALEVI S，et al. Fully Homomorphic Encryption over the Integers ［C］. Monaco：

Annual International Conference on the Theory and Applications of Cryptographic Techniques, 2010.

[35] CORON B, NACCACHE D, et al. Public key compression and modulus switching for fully homomorphic encryption over the integers [C]. Cambridge: Annual International Conference on the Theory and Applications of Cryptographic Techniques, 2012.

[36] CORON J S, MANDAL A, NACCACHE D, et al. Fully homomorphic encryption over the integers with shorter public keys [C]. Santa Barbara: Proc of the 31st International Conference on Advances in Cryptology, 2011.

[37] NIKOLAENKO V, WEINSBERG U, IOANNIDIS S, et al. Privacy-preserving ridge regression on hundreds of millions of records [C]. Berkeley: Proceedings of IEEE Symposium on Security and Privacy, 2013.

[38] AONO Y, HAYASHI T, PHONG L, et al. Scalable and secure logistic regression via homomorphic encryption [C]. New York: Proceedings of the 6th ACM Conference on Data and Application Security and Privacy, 2016.

[39] SHOKRI R, SHMATIKOV V. Privacy-preserving deep learning [C]. Denver, CO: Proceedings of the 22nd ACM SIGSAC Conference on Computer and Communications Security, 2015. DOI: https://doi.org/10.1145/2810103.2813687.

[40] SHI E, CHAN H, RIEFFEL E, et al. Privacy-preserving aggregation of time-series data [C]. San Diego: Annual Network & Distributed System Security Symposium (NDSS), 2011.